はじめに

望月俊昭

　多くの受験生は，数学ができるライバルが自分とちがって「頭がいい」と感じている．

　非凡な才能の持ち主は，たしかに世の中にいる．スポーツ，音楽，絵画，文学，数学など，どの分野であれ後世に名を残す人々は，小・中学生の頃すでにその道を歩んでいた．数学者たちの多くは，小・中学生の頃から天才ぶりを発揮し，周囲の仲間はおろか教師をも，また時には専門家である数学者たちをも驚かせていた．数学者は誰もが解ける問題を解くのではなく，誰もが解けなかった問題を解くことで，また誰もが考えもしなかった問題を問題として世に問うことで，名を残す．

　受験生が入試科目として取り組む数学を受験数学と呼ぶことにすれば，数学者がその生涯をもって取り組む数学と受験数学とは似て非なるものといってよい．

　受験数学の最終目標は，答えの分かっている，解けるはずの問題を制限時間内に解いてより多く得点する，というものである．これを実現するためには，自分ができることが何であるかを知っていなければならない．言い換えれば＜こういうときはこうする＞ということがよく分かっていなければならない．

　木を切る道具はいろいろあり，そのための道具の一つであるノコギリも，用途によって種類が分かれる．

　太い丸太を切るチェーンソウ（電動ノコギリ），庭の柿の木を切る刃の荒い大きなノコギリ，小枝を切る細身のノコギリ，板を曲線状に切るための糸ノコなど．また，鉈，カンナ，ナイフ，カッターなどの道具も，目的によっては必要となる．

　大工職人の道具箱の中は，より専門的で高品質な道具がズラリと並ぶ．

　数学ができる受験生の頭の中の道具箱には，解法のツール（＝道具）がぎっしり詰まっている．ここでいう解法のツールとは，単に公式や計算法および有名定理だけではなく，数や図形の重要性質，各種の応用問題を解くための指針なども含まれる．さらには，分野をまたがる関連問題を結びつける共通テーマや，個々の問題を解くための指針を超えた──例えば，「困難は分割せよ（デカルト）」などの──全分野に共通の大方針なども含まれる．

　数学ができる受験生ほど，自分が知っていること，自分が使えること，自分にできることを，知っている．

　彼らは，問題を目にした瞬間に道具の検索に入る．見慣れた問題に対しては，誰もが使う道具を無意識に取り出し，見慣れない問題に対しては，使えそうな道具にあたりをつける．どちらの場合にも，用意した道具を手にして，いや頭の中に携えて問題に立ち向かう．

　このような道具箱が純粋に頭の中にのみ存在する受験生もいれば，整理されたノートによって頭の中の道具箱を常にアップグレードしている受験生もいる．

　数十年前，予備校の英語教師が何度も口にしていた次の言葉が強く印象に残っている．

　　sufficient command of English

command とは，自由にあやつる力，を意味する．

　受験数学で目標をクリヤーするために必要なのは，数学の才能とかセンスなどではなく，また個々の問題と解法の暗記ではない．それは，志望校の数学入試に対応可能な解法のツールの蓄積と，それを自由にあやつる力であり，これを自分のものにするための努力である．

本書の利用法

前置きその1

◇この本は，高校受験で志望校合格をめざしている人を対象にして，受験数学の基本・応用レベルのポイントを整理したものです．

◇本書を手にして，知らないことが多いと感じる人と，知っていることが多いと感じる人がいるはずです．また，同じ人でも，手にする時期によってその印象は大きくちがうことになります．また，手にする時期だけでなく，それまでの学習内容(範囲，難易度なども含め)のちがい，塾に通っているか否か，通っているとして，その塾が集団指導か個別指導か，など．さらに，学校や塾で受ける授業が，数学の重要事項や解法のポイントを強調してくれる授業であるか否かなど，受験生をとりまく環境は大きくちがいます．

◇1冊の受験参考書や問題集がすべての受験生に同じように役立つわけではない，というのと同様，本書の効用は様々で，本書の利用法も様々…と思います．

前置きその2

◇数や図形に関する基本事項を知らなかったり忘れていれば，思考力は役立ちません．また，解法のツールもあいまいでは入試で使い物になりません．

◇解法のツールを蓄積していくときに大事なのは，使えるように蓄積する，ということです．何冊もあるノートや膨大なプリントの中に埋もれていては意味がありません．＜必要なときにサッと取り出せる＞ようにためていくことが不可欠です．

◇では，必要なときにサッと取り出すためには，どうすればよいか．たくさんの小箱を，すぐ取り出せるように大きな箱に収納するときに人はどんな工夫をするか．ポイントは，何によって瞬時に見分けるのか，ということです．

① つけられた名前から，見分ける．
② 大きさ・形・色などから，見分ける．

などが基本となります．

これを，受験数学の重要事項の整理にいかに活用するか．

本書を使うにあたって

◇**本書の活用のポイントについて**

〔その1〕 キーワードを大事にする．
〔その2〕 イメージを大事にする．

〔1〕 解法のポイントとなるキーワード

例) 隠れた特別角，骨格図で考える，…

解法のポイントとなるものをキーワードを自分の頭の中の道具箱に入れておくことです．必要性を感じたものについては，マーカーでチェック(線を引く，枠で囲む，近くに自分の文字を書き添える)してください．

〔2〕 解法のポイントとなる図形イメージ

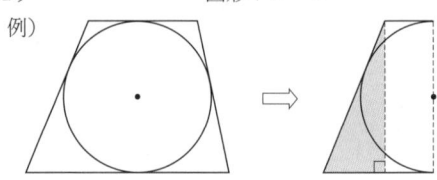

例)

例えば，この図(左の図)は…

・この図は，どうなっている？
・この図に，どのような性質がある？

というように見て，

⇨ 右の図のようになっている
⇨ 右の図のような性質がある

チラッと左の図を見て，パッと右の図にある性質を見抜く(必要がある)，ということを意味します．というわけで，

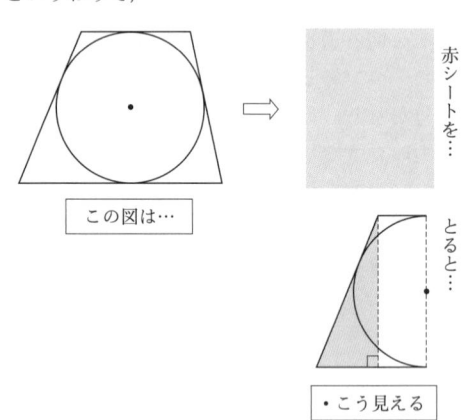

この図は…　　　赤シートを…とると…

・こう見える

◇本書で使っている記号（矢印）について

矢印　⇨

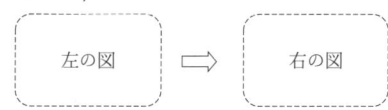

　　┌─────┐　　　┌─────┐
　　│ 左の図 │ ⇨ │ 右の図 │
　　└─────┘　　　└─────┘

- この図形は ………… こうなっている
- この図形には ……… このような性質がある
- この図形には ……… このような形が隠れている

矢印　⇦⇦⇨

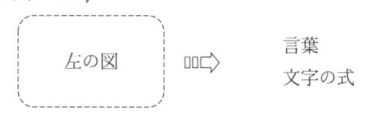

　　┌─────┐　　　　　　言葉
　　│ 左の図 │ ⇦⇦⇨　　文字の式
　　└─────┘

　　　　　　　　　　言葉や式で示すと

- この図形には ……… このような性質がある

矢印　⇨

矢印　⇨

色のついたこの2組の矢印は，やや応用的な内容に関するもので，その意味は白い矢印と同じです．

□ 白い矢印と色のついた矢印のちがいは，厳密なものではありません．どちらも難しいという人もいるでしょうし，どちらも常識という人もいるでしょう．

◇例題の★マークについて

重要事項の説明を補足する例題がありますが，その中で多少難しめの例題には★マークをつけてあります．難関校受験生は確認してください．

◇自分専用にチューンアップする

□ チューンアップ … 手を加えて性能をよくする

本書の文字や図版は黒の単色で，カラー刷りではありません．みなさんが自分で必要に応じて色をつけてください．

例えば，

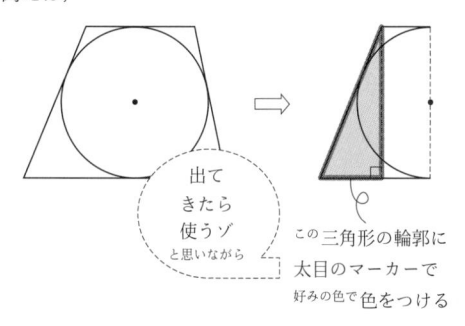

（図：円が内接する台形 ⇨ 直角三角形）
出てきたら使うゾと思いながら
この三角形の輪郭に太目のマーカーで好みの色で色をつける

というように，
自分にとって必要と感じた図形については，次回ハンドブックを開いたときに目にパッと飛び込んでくるように，＜着眼のための図形イメージ＞の自作バージョン（自作版）をつくっておく，という発想で．
前置きにも書いたように，本書を手にする時点で，何が分かっていて何が分かっていないか，どの図形が頭に入っていてどの図形が頭に入っていないか，というのは，人によって様々です．自分専用のハンドブックへ，改良してください．

◇書き込むときの文字の工夫

本書では，上付き文字・下付き文字を多用しています．みなさんも，ぜひ使ってください．

（例）　相似がテーマの基本図形
　　　　　　上付き文字

◇付箋をつける工夫

自分にとっての重要度によって，付箋の貼り方を変える．

　　決定的に重要 … はみ出しを長め
　　それなりに重要 … はみ出しを短め（など）

◇マーカーを使う工夫

自分にとっての重要度　　最大　→　太く
　　　　　　　　　　　やや大　→　細く

◇何度も見ることを前提に

人間は，多分他の動物とちがって，生きていくのに必要なこと以外のことも覚えることができます．しかし，それは，全てを覚えることがないよう，忘れていくことをともなった人間的活動です．人間は忘れる動物であるということを前提に取り組む必要があります．

➢ 忘れるのを前提に，何度も見る．
➢ 立ち寄ったとき，その足跡を残す．
　文字でなくてもよい．
　いたずら書きでもよい．
　ライバルの彼に勝った！(7/12) など．
　立ち寄った回数（何回目か）を
　1回目 → T，2回目 → TT …など．
　── T は自分の or カレ(カノジョ)のイニシャル？──

◇索引も，自分用に追加する

本書の最後に「索引」があります．必要であれば，みなさんが自分で補ってください．

　　＊　　　＊　　　＊　　　＊　　　＊

目　次

はじめに ……………………………………………………………………… 1
本書の利用法 ………………………………………………………………… 2
本　編 ……………………………………………………………………… 6〜85
　［1］角度 …………………………………………………………………… 6
　［2］合同 …………………………………………………………………… 10
　［3］平行線がつくる図形 ………………………………………………… 14
　［4］相似 …………………………………………………………………… 18
　　　　相似比と線分比 …………………………………………………… 18
　　　　相似比と面積比・体積比 ………………………………………… 22
　［5］三平方の定理と特別な直角三角形 ………………………………… 28
　［6］円 ……………………………………………………………………… 32
　　　　円の性質　円周角の定理　と　接線の性質 ……………………… 32
　　　　2つの円 ……………………………………………………………… 42
　［7］立体 …………………………………………………………………… 46
　　　　点・線・面の位置関係 …………………………………………… 46
　　　　角柱の切断 ………………………………………………………… 50
　　　　角すいの性質・角すいの切断 …………………………………… 59
　　　　正多面体の相互関係 ……………………………………………… 64
　　　　丸い立体 …………………………………………………………… 67
　［8］軌跡・動く図形 ……………………………………………………… 78
　［9］作図 …………………………………………………………………… 82
テーマ別重要事項のまとめ ……………………………………………… 86〜113
　［1］いろいろな重要定理 ………………………………………………… 86
　［2］面積を二等分する直線 ……………………………………………… 90
　［3］折返し図形 …………………………………………………………… 94
　［4］最短コース …………………………………………………………… 98
　［5］影の作図 ……………………………………………………………… 102
　［6］図形の最大・最小 …………………………………………………… 106
　［7］投影図・展開図 ……………………………………………………… 110
索　引 …………………………………………………………………… 114〜119
おわりに ……………………………………………………………………… 120

[1] 角度

メガネなしで角度を見抜く？

大事な角度が赤く見える3Dメガネなんて便利なものはありません．三角形の合同や相似を見抜くためには，○と×で90°という発想に代表されるように，「角度に関する重要事項」を，単に「知っている」というレベルから「使える」レベルに高めておく必要があります．

▷基本性質 1

1-01 対頂角は等しい

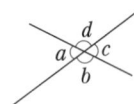

⟹ $a=c$, $b=d$

（理由）
$a+d=180°$ ……①
$c+d=180°$ ……②
①，②より，$a+d=c+d$ ∴ $a=c$

1-02-1 平行な2直線と交わると…

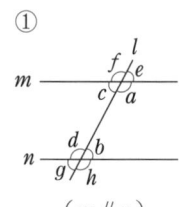

①
⟹ $a+b=180°$
$c+d=180°$
$e+h=180°$
$f+g=180°$
($m \mathbin{/\mkern-2mu/} n$)

②
⟹ $a=b$（同位角が等しい），$a'=b$（錯角が等しい）
($m \mathbin{/\mkern-2mu/} n$)

1-02-2

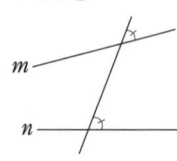

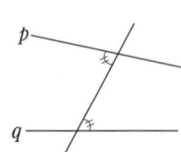

⟹ $m \mathbin{/\mkern-2mu/} n$

⟹ $p \mathbin{/\mkern-2mu/} q$

▶応用テーマ 1

1-01 3点が一直線上にあるとわかる

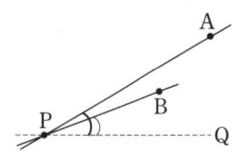

∠APQ＝∠BPQ のとき

⟹ 3点 P, A, B は同一直線上にある

◀これを利用すれば…，
3点が <u>一直線上にある</u> ことの証明が可能になります．

(Memo) 「平行」を表す記号
日本 … $\mathbin{/\mkern-2mu/}$
欧米 … $\|$

▷基本性質 2

1-03-1 三角形の内角の和＝180°　　（理由）

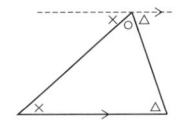

⇒ ○×△＝180°

1-03-2 2つの内角の和＝外角

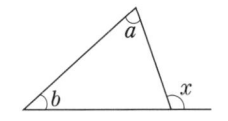

⇒ $x=a+b$

1-03-3 3つの内角の和＝外角

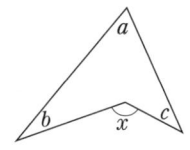

⇒ $x=a+b+c$

（理由その1）　　（理由その2）

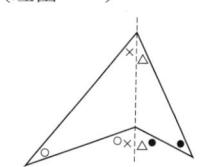

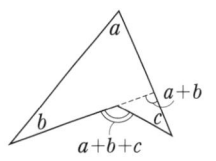

1-03-4 2つの内角＝2つの内角

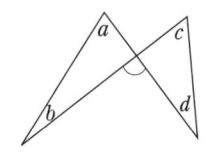

⇒ $a+b=c+d$

（理由その1）　$a+b=c+d=\angle$

（理由その2）

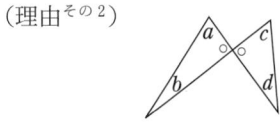

$a+b+○$
‖
$c+d+○$
‖
180°

1-04 n角形の内角の和

$$180°\times(n-2)$$

（例）　$n=7 \to 180°\times(7-2)=900°$

（理由）

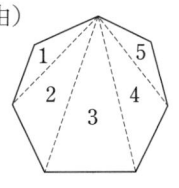

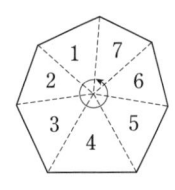

$180°\times(7-2)$　　$180°\times 7-360°$

1-05 n角形の外角の和

みな 360°

（理由：7角形で確認その1）

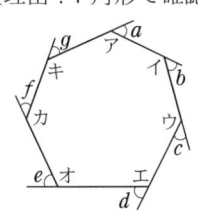

$a=180°-ア$
$b=180°-イ$
$c=180°-ウ$
$\vdots$
$+\ g=180°-キ$
―――――――――
$a\sim g=180°\times 7-(ア\sim キ)$
‖
$180°\times 7$
$-360°$
$=360°$

（理由：7角形で確認その2）

〈スタンバイ〉
○実際にシャープペンを手にもって
○頭の中にシャープペンをイメージして　or

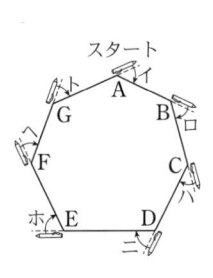

Step 1（スタート）イだけ回転
　　AB上をツツーとすべって
Step 2　ロだけ回転
　　BC上をツツーとすべって
$\vdots$
Step 7　トだけ回転
　　GA上をツツーとすべって
（ゴール：元の位置にもどる）
‖
360°回転した！

▷基本性質 3

1-06-1　角の二等分線がつくる角 ①

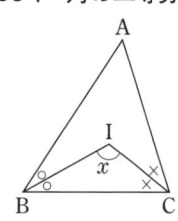

⟹ $x = 90° + \dfrac{1}{2}\angle A$

（理由その1）

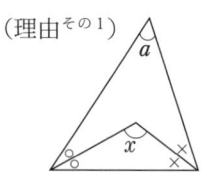

$$x = 180° - \circ \times$$
$$\circ\circ \times\times = 180° - a$$
$$\circ \times = 90° - \dfrac{1}{2}a$$
$$x = 90° + \dfrac{1}{2}a$$

（理由その2）

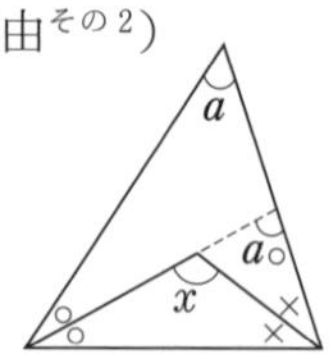

$$\begin{aligned}x &= 180° - \circ\times \\ +)\ x &= a + \circ\times \\ \hline 2x &= 180° + a\end{aligned}$$

$$\therefore\ x = 90° + \dfrac{1}{2}a$$

1-06-2　角の二等分線がつくる角 ②

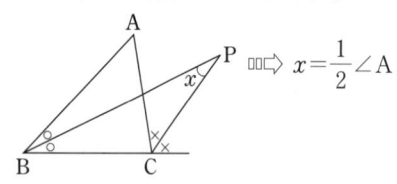

⟹ $x = \dfrac{1}{2}\angle A$

（理由）

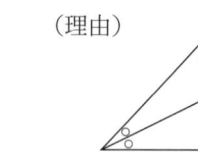

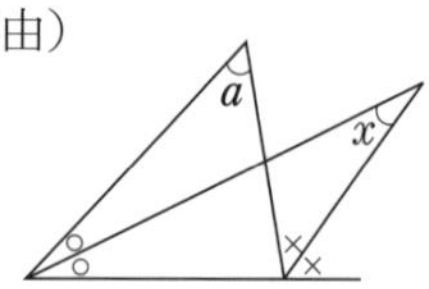

$$x = \times - \circ$$
$$a = \times\times - \circ\circ$$
$$\dfrac{1}{2}a = \times - \circ$$

$$\therefore\ x = \dfrac{1}{2}a$$

▶応用テーマ 2

1-02　角の二等分線がつくる角 ③

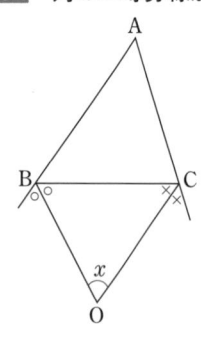

⟹ $x = 90° - \dfrac{1}{2}\angle A$

◀基本性質を利用すると…
（理由その2）

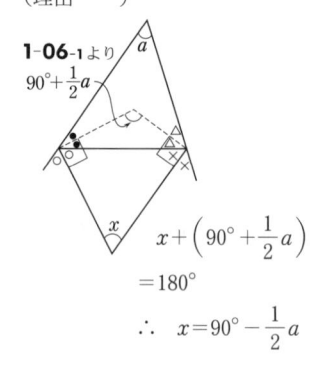

1-06-1より

$$x + \left(90° + \dfrac{1}{2}a\right) = 180°$$

$$\therefore\ x = 90° - \dfrac{1}{2}a$$

（理由その1）

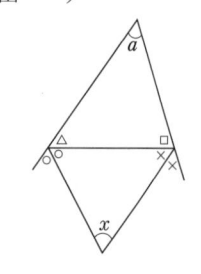

$$x = 180° - \circ\times$$
$$180° - a = 360° - \circ\circ\times\times$$
$$90° - \dfrac{1}{2}a = 180° - \circ\times$$

☞
$$\begin{aligned}\triangle &= 180° - \circ\circ \\ +\ \square &= 180° - \times\times \\ \hline \triangle\square &= 360° - \circ\circ\times\times\end{aligned}$$

（理由その3）

1-06-2より

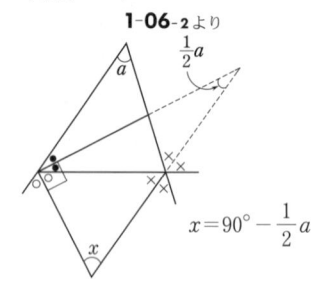

$$x = 90° - \dfrac{1}{2}a$$

【例1】

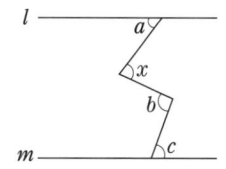

$l \parallel m$ のとき
$x = \boxed{}$

解説 その1

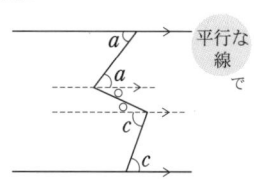

$\circ = b - c$ より
$x = a + \circ$
$= a + b - c$

解説 その2

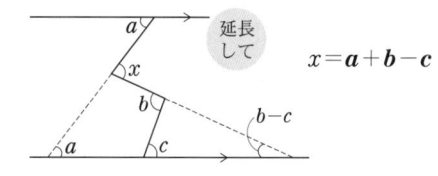

$x = a + b - c$

【例2】

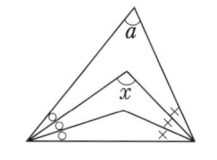

$x = \boxed{}$

解説

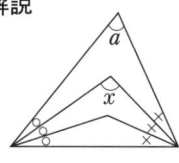

$x = 180° - \circ\circ\circ \times\times$
$\circ\circ\circ \times\times\times = 180° - a$
$\circ\circ \times\times = 120° - \dfrac{2}{3}a$

$\therefore x = 180° - \left(120° - \dfrac{2}{3}a\right)$
$= 60° + \dfrac{2}{3}a$

【例3】

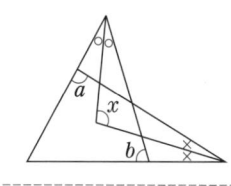

$x = \boxed{}$

解説

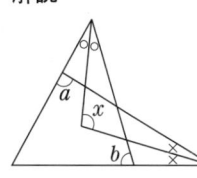

1-03-4 より
$x + \circ = 180° - b + \times$
$+\ x + \times = 180° - a + \circ$
$\overline{\ 2x \qquad = 360° - (a+b)\ }$

$\therefore x = 180° - \dfrac{a+b}{2}$

着眼イメージ

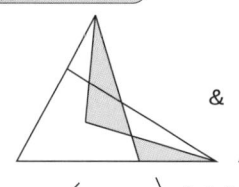

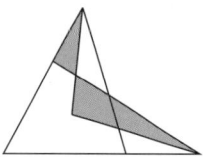

&

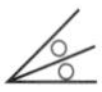

▷ と と  ときたら…
○＝？ ×＝？？ でなく
○と×のペアで
和 ○＋×＝？
差 ○－×＝？（または） で扱うのが基本．

【例4】

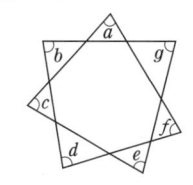

$a \sim g$ の和 $= \boxed{}$

解説 その1

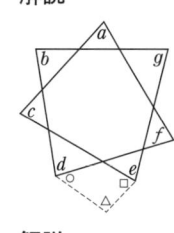

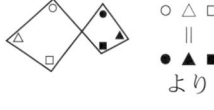

$\circ\ \triangle\ \square$
$\parallel$
$\bullet\ \blacktriangle\ \blacksquare$ より

$\circ\ \triangle\ \square = a + c + f$
$a \sim g = b + d + \circ\ \triangle\ \square + e + g$
（5角形）
$= 180° \times (5 - 2) = \mathbf{540°}$

解説 その2

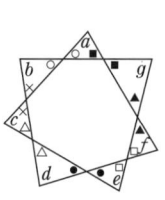

$a + \circ\ \blacksquare$
$b + \times\ \circ$
$c + \triangle\ \times$
$d + \bullet\ \triangle$
$e + \square\ \bullet$
$f + \blacktriangle\ \square$
$+\ g + \blacksquare\ \blacktriangle$
$\overline{a \sim g + 360° \times 2 = 180° \times 7}$

$\therefore a \sim g = 180° \times 3 = \mathbf{540°}$

▷ 鉛筆 or シャープペン方式も含めて何通りもの解法がある．

［2］三角形の合同

> 頭の中に
> あるから
> 見える…
> わけ？

三角形の合同に関する問題には，＜合同を証明せよ＞という問題と＜合同を利用せよ＞という問題があります．後者は，合同を使って角度・長さ・面積を求めることになり，「着眼」にすべてがかかっています．＜これとこれ…合同？＞というセンサーが敏感に反応するか否かは，基本型が頭に焼きついているか否かで決まります．

▷基本性質 １

2-01-1　三角形の合同条件

① 3辺がそれぞれ等しい（3辺相等）
② 2辺とその間の角がそれぞれ等しい（2辺夾角相等）
③ 1辺とその両端の角がそれぞれ等しい（2角夾辺相等）

Memo 英語でその1
- △　triangle
- 辺　side
- 角　angle

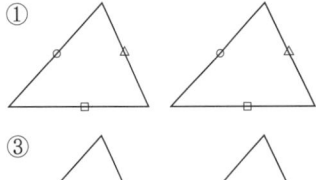

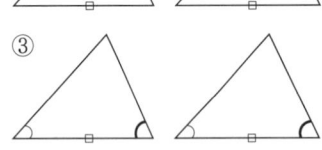

2-01-2　直角三角形の合同条件

④ 直角三角形の斜辺と他の1辺がそれぞれ等しい
⑤ 直角三角形の斜辺と一鋭角がそれぞれ等しい

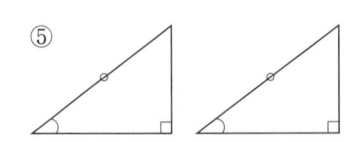

Memo 英語でその2
- 直角　right angle
- 斜辺　hypotenuse

☞欧米では上の①〜⑤を次の❶〜❹にまとめるのが普通．
- ❶ S.S.S. … 3 sides
- ❷ S.A.S. … 2 sides と夾角 the included angle (the angle between them)
- ❸ A.A.S. … 2 angles と 1 side　　←2角が等しければ残りの角も等しいので，③と⑤は同じということ．
- ❹ R.H.S. … right angle, hypotenuse, side

▶応用テーマ **1**

2-01 「2辺1角がそれぞれ等しい」は合同 or not ?

――合同でない例――

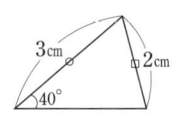

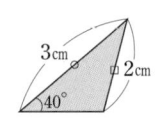

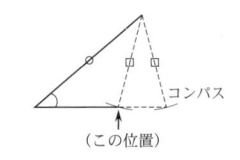

◀ 「2角1辺がそれぞれ等しい」(**❸**)
→ 合同といえる
（のに対し）
「2辺1角がそれぞれ等しい」
→ 合同とはいえない
（ということになる）

☞ 直角三角形の合同を証明する答案で…
（例） △ABC と △DEF において
AB＝DE …イ
AC＝DF …ロ
イ，ロより，斜辺と他の1辺が
それぞれ等しいので △ABC≡△DEF
　　　　　　※

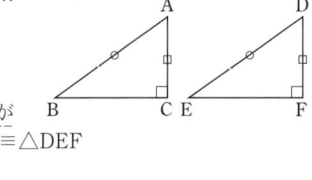

[コメント] この証明(答案)には，最も重要な「∠C＝∠F＝90°」が抜けています．直角三角形のときにはじめて※が意味をもってくるので，「だって直角三角形について比べているのだから」と口で抗議してもダメです．という意味で，欧米の
R(right angle)，H(hypotenuse)，S(side)
は合理的です．――答案添削者のコメント例 ということ.

▷基本性質 **2**

2-02-1 合同の基本型 その1 ―― 1頂点を共有する正三角形

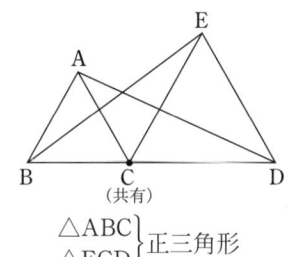

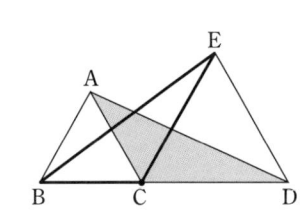

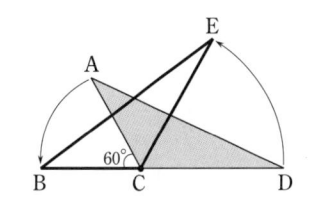

△ABC ⎫
△ECD ⎭ 正三角形　⇒　△ACD≡△BCE　　Cを中心に60°回転（して重なる）

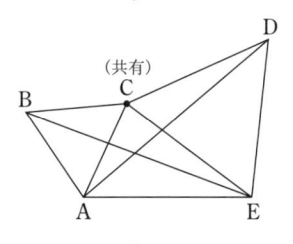

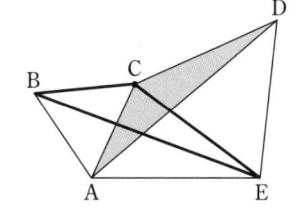

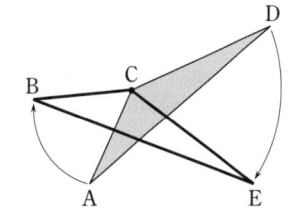

△ABC ⎫
△ECD ⎭ 正三角形　⇒　△ACD≡△BCE　　Cを中心に60°回転（して重なる）

（理由）どちらも2辺夾角(60°＋∠ACE)相等より．

11

☞ **2-02**-1 の 2 つの図は，内容的には同じもの…．下の図とアとオ（＝カ）．

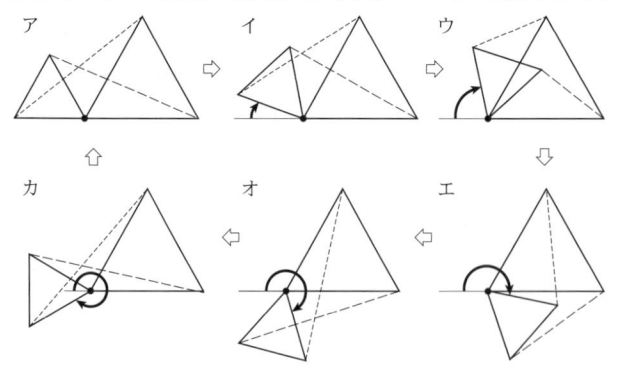

回転という発想ネ！

▷ **基本性質** ③

2-02-2　合同の基本型 その2 ―― 1 頂点を共有する正方形

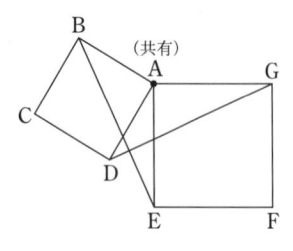

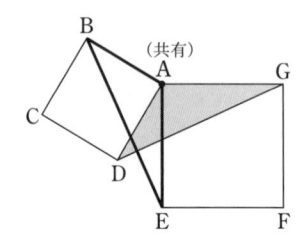

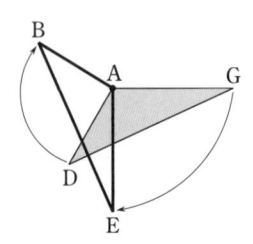

□ABCD
□AEFG　　正方形　　⇒　　△ABE ≡ △ADG　　　A を中心に 90°回転（して重なる）

（理由）　2 辺夾角（90°＋∠DAE）相等より．

【例1】―――――――――――

△APB
△AQC　正三角形

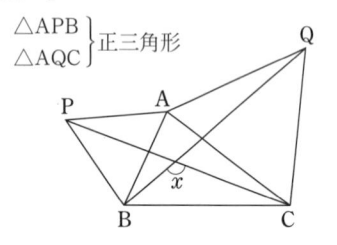

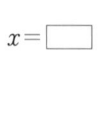

$x = \boxed{}$

解説　△ABQ ≡ △APC（2 辺夾角相等）より
∠ABQ = ∠APC
右図で ● = 60°
∴　$x = 120°$

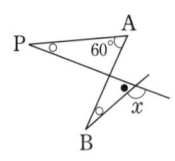

【例2】★―――――――――――

△ABC
△BDE　正三角形

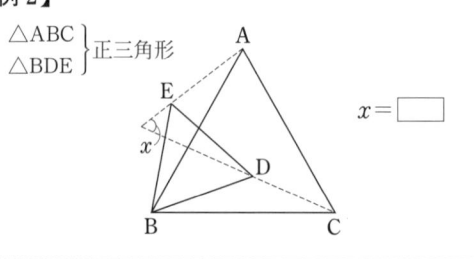

$x = \boxed{}$

解説　△ABE ≡ △CBD（2 辺夾角相等）より
―― 夾角は，ともに 60° − ∠ABD ――
∠BAE = ∠BCD
右図で $x = 60°$

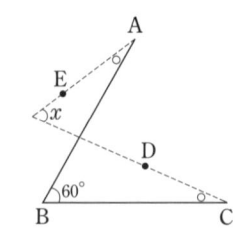

☞ 例1, 2とも次のようになっている.
ア＝60°, イ＝60°のとき, ？＝□
2辺が 60° 回転
残る1辺は □°回転 ということ.
       ‖
       60

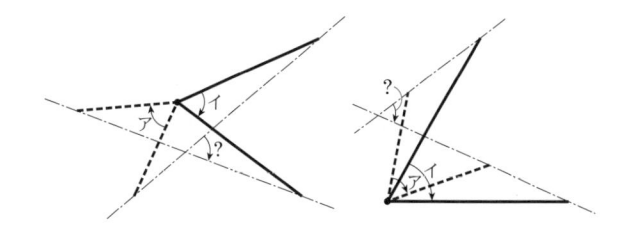

▷基本性質 4

2-03 直角二等辺三角形がつくる合同

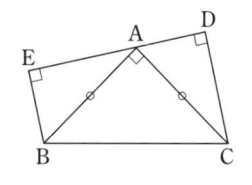

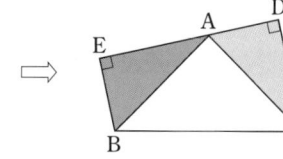

△AEB≡△CDA

（理由）合同条件⑤より.

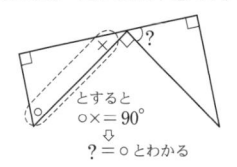

とすると
○×＝90°
⇓
？＝○とわかる

2-04 正方形内で直交する直線がつくる合同

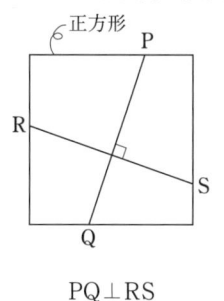

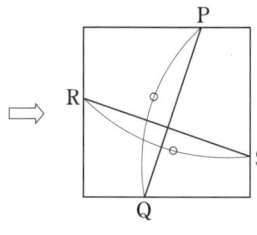

PQ⊥RS ⇒ PQ＝RS

（理由）合同条件③より, △PQH≡△SRK

Step 1
　補助線 PH, SK
　（PH＝SKになる）
Step 2
　○×（＝90°）とする
Step 3　ア＝×
Step 4　イ＝○

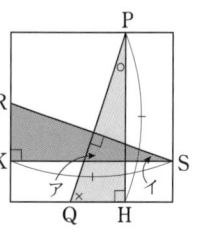

▶応用テーマ 2

2-02 角の二等分線がつくる合同

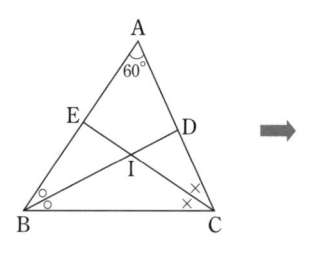

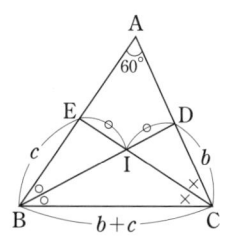

○性質その1　ID＝IE
○性質その2　CD＋BE＝BC

（理由）
1-06-1 (p.8)
より
∠BIC＝120°
∴ ●＝60°
補助線 IJ
（∠BIC の
二等分線）
を引くと, △＝●＝60°
∴ △BEI≡△BJI
　　（合同条件③より）
　△CDI≡△CJI
　　（合同条件③より）
∴ ID＝IE, CD＋BE＝BC

[3] 平行な線がつくる図形

平行の
イメージ！

主なテーマは2つ，＜平行四辺形の決定条件＞と＜平行線がつくる等しい面積＞です．5つの決定条件をサッと列挙できるようにしておくことと，平行線と等積変形の関係を頭に焼き付けること．平行線を使って等積変形をするという初級編から，等積変形するために，平行線(補助線)を引くという上級編まで．

▷基本性質 1

3-01-1 平行四辺形（定義と性質）

[1] 定義　2組の向かい合う辺がそれぞれ平行である四角形を「平行四辺形」という．

[2] 性質——平行四辺形は次の性質をもつ——
① 2組の対辺は，それぞれ等しい．
② 2組の対角は，それぞれ等しい．
③ 対角線は，互いに中点で交わる．

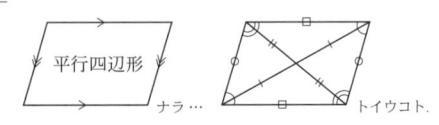

平行四辺形　ナラ…　トイウコト．

3-01-2 平行四辺形の決定条件 平行四辺形になるための条件 （5つあると覚える！）

① 2組の対辺が，それぞれ平行である．
② 2組の対辺が，それぞれ等しい．
③ 2組の対角が，それぞれ等しい．
④ 1組の対辺が，平行で等しい．
⑤ 対角線が，互いに中点で交わる．

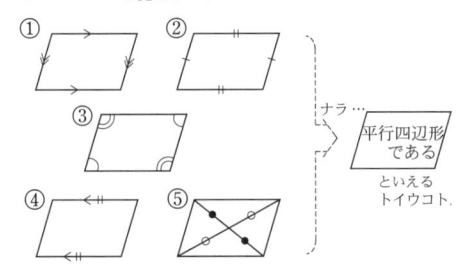

ナラ… 平行四辺形である といえる トイウコト．

☞「平行四辺形であることの証明」には，この①〜⑤のどれかを示せばよい．——①〜⑤のどれを示すことが可能かという判断が証明への第一歩となる．

3-01-3 その仲間たち

平行四辺形の定義（3-01-1）によれば，次の図形も平行四辺形である ガ平行四辺形トハイワナイ．

○ **長方形**　4つの角が等しい四角形(コレヲ長方形トイウ)
○ **ひし形**　4つの辺が等しい四角形(コレヲひし形トイウ)
○ **正方形**　4つの角が等しく4つの辺が等しい四角形(コレヲ正方形トイウ)

アタリマエ

平行四辺形グループの一員

☞「ひし形とはどのような図形？」と問われて…．
＜対角線が直角に交わる図形＞と答えるのは不十分．

たこ形(ひし形でない) 西洋の凧 kite

▷ **基本性質 2**

3-02 平行四辺形の面積の二等分

〈対角線の交点〉を通る直線で，平行四辺形の面積は二等分される．

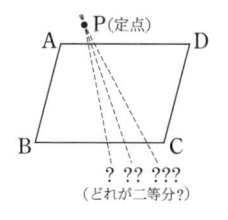

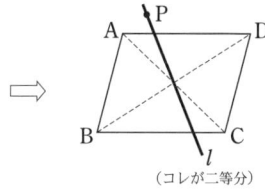

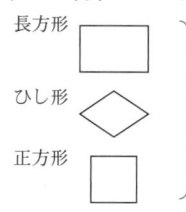

長方形／ひし形／正方形 — グループの一員も同様．（みな点対称な図形）

☞ 「点 P を通って平行四辺形 ABCD の面積を 2 等分する直線」を図にかき込めという問いで，右のように答えてもダメ．どのように引けばそうなるかを問われているのだから．

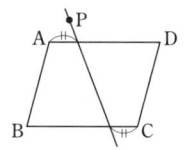

▶ **応用テーマ 1**

3-01 座標平面上の平行四辺形 その1

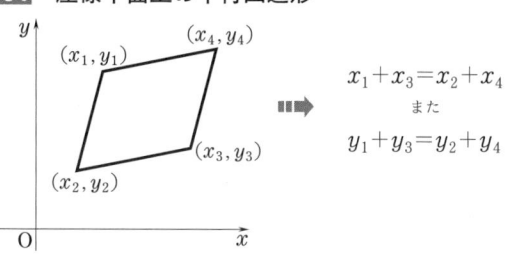

(x_1, y_1), (x_2, y_2), (x_3, y_3), (x_4, y_4)

$$x_1 + x_3 = x_2 + x_4$$
また
$$y_1 + y_3 = y_2 + y_4$$

(理由その1)

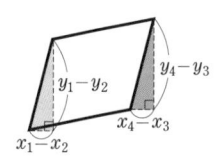

$\triangle \equiv \triangle$ デ

- $x_1 - x_2 = x_4 - x_3$ ヨリ
- $y_1 - y_2 = y_4 - y_3$ ヨリ

▶ **応用テーマ 2**

3-02 座標平面上の平行四辺形 その2

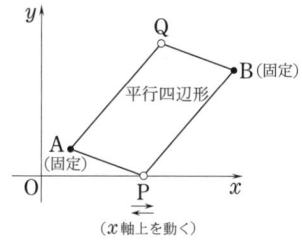

平行四辺形 A（固定），B（固定），P（x軸上を動く），Q

➡ Q は… x 軸に平行な直線上 を動く

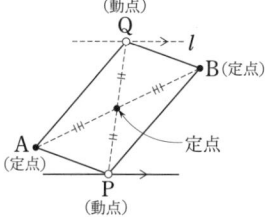

A の y 座標 y_a
B の y 座標 y_b とすると

l の式：$y = y_a + y_b$

(理由その2)

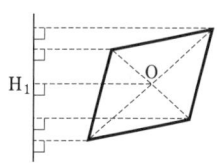

$$\frac{x_1 + x_3}{2} = \frac{x_2 + x_4}{2} = OH_1 \text{ ヨリ}$$

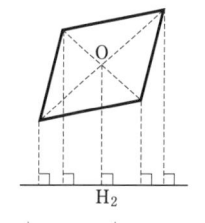

$$\frac{y_1 + y_3}{2} = \frac{y_2 + y_4}{2} = OH_2 \text{ ヨリ}$$

▷ 基本性質 ③

3-03-1 平行線と面積 その1

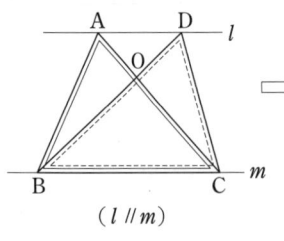

(l // m)

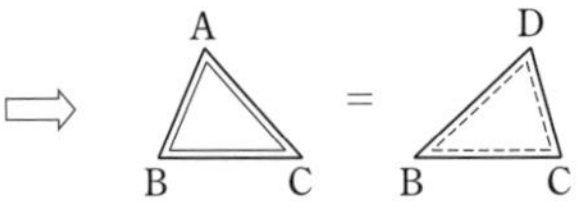

△ABC = △DBC　また　△ABD = △ACD

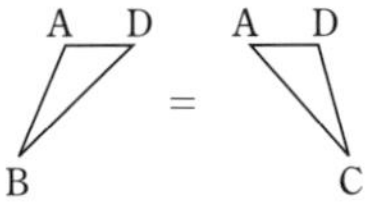

（さらに）△ABO = △DCO

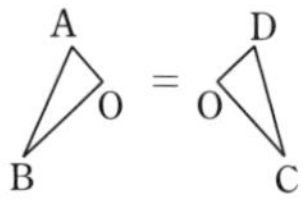

（理由）△ABO = △ABC − △OBC
　　　　　　　‖
　　　△DCO = △DBC − △OBC

3-03-2 平行線と面積 その2

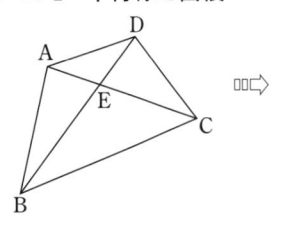

⇒
- △ABC = △DBC なら　AD // BC
- △ABD = △ACD なら　AD // BC
- △ABE = △DCE なら　AD // BC

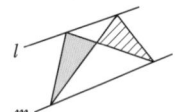

△ = △ のとき l // m
（3-03-1 の逆）トイウコト

▶ 応用テーマ ③

3-03 〈面積が等しい〉から〈傾きが等しい〉へ

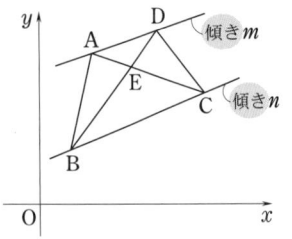

△ABC = △DBC のとき　傾き m = 傾き n

△ABE = △DCE のとき

◀ 座標平面では，頂点の座標が与えられれば面積が計算できるので，何も考えずに面積の計算を始めたり，面積を文字で表すことに気持ちが向きがち．しかし…，

面積が等しい
とは
タダゴトではない

という見方（自分用警戒警報）をもっていれば最短のルートを進むことが可能となる．

3-04 〈面積が等しくなる座標〉

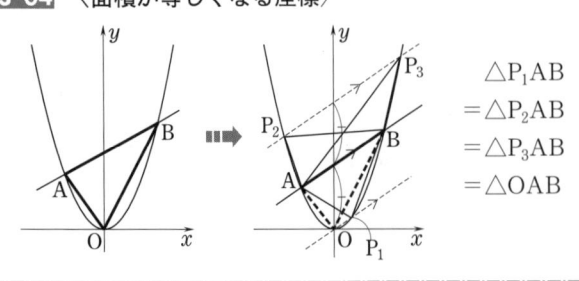

△P₁AB
= △P₂AB
= △P₃AB
= △OAB

☞〈ムッ 面積が等しい？ トユーコトハ 傾きが等しい？？〉というように連想できるようにしておくこと．

▷ **基本性質 4**

3-04-1 平行四辺形と面積 その1

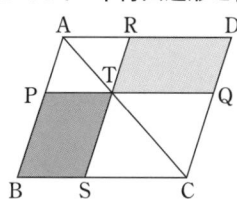

（PQ ∥ BC, RS ∥ AB のとき）

⇒ □PBST = □RTQD

（理由） 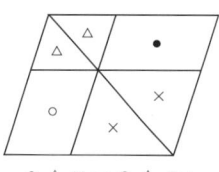
○△× = ●△×（ヨリ）

3-04-2 平行四辺形と面積 その2

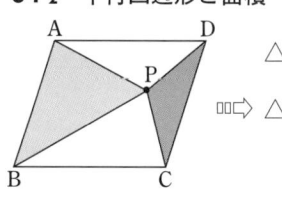

△ABP + △DCP
＝
△ADP + △BCP
＝
$\frac{1}{2}$ □ABCD

（理由その1） 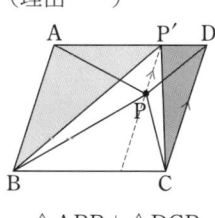
△ABP + △DCP
= △ABP' + △DCP'
= $\frac{1}{2}$ □ABCD

（△P'BC = $\frac{1}{2}$ □ABCD ヨリ）

（理由その2） 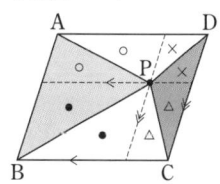
△ABP + △DCP
= $\frac{1}{2}$ □ABCD

（○○●●△△××）

【例1】

図の平行四辺形内の網目の四角形 T が平行四辺形である理由を示しなさい．

（図①）　（図②）

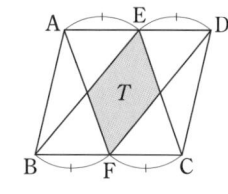

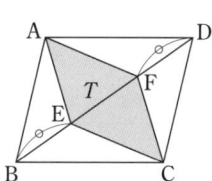

解説

（図①）　□AFCE，□EBFD は平行四辺形．

∴ AF ∥ EC, EB ∥ DF

∴ 2組の対辺が平行だから

T は平行四辺形．

（図②）　対角線 AC を引き，BD との交点を O とする．

AO = CO…(ア)，BO = DO より

EO = FO…(イ)

(ア)，(イ)より，対角線が互いに中点で交わるから，T は平行四辺形．

【例2】

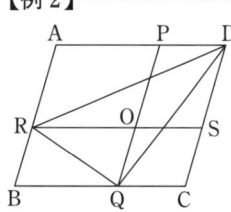

□ABCD 内の
△DRQ = ?

$\left(\begin{array}{l}\text{□ABCD}\\\text{□POSD}\end{array}\right)$ を用いて表せ．

（PQ ∥ AB, RS ∥ BC）

解説

Step1　補助線

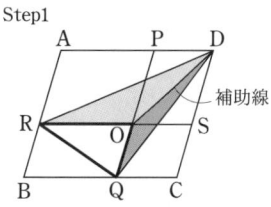

Step2

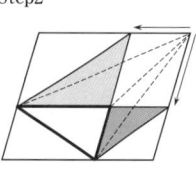

Step3　ナシ

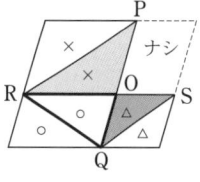

△DRO = △PRO
△DQO = △SQO　ヨリ

△DRQ
= 五角形 PRQSO
= $\frac{\text{□ABCD} - \text{□POSD}}{2}$

[4] 相似

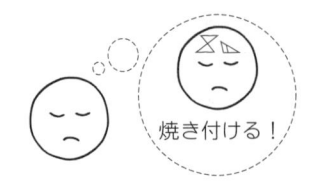

高校受験数学の図形分野における最重要項目の一つである「相似」は，見抜くだけでなくつくる（補助線を引いて相似形をつくり出す）技術をマスターする必要があります．決定的な補助線を見抜くことができるようなるための大前提は，相似の基本形が頭に焼いついていること，です．

焼き付ける！

❖ 相似比と線分比

▷ 基本性質 ①

4-01 三角形の相似条件

① 2角が等しい（2角相等）
② 2辺の比とその間の角が等しい（2辺比夾角相等）
③ 3辺の比が等しい（3辺比相等）

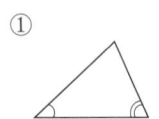

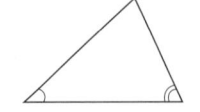

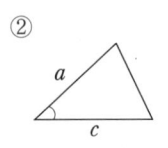

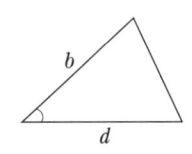

①

②
$(a:b=c:d)$
[対応する2組の辺の比が等しい]

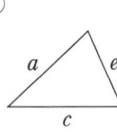

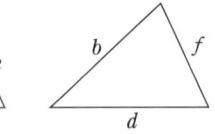

③
$(a:b=c:d=e:f)$
[対応する3組の辺の比が等しい]

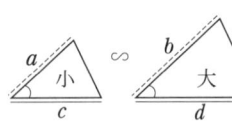

（例）
小 ∽ 大
$\left.\begin{array}{l} a:b \text{ が} =3:4 \\ c:d \text{ も} =3:4 \end{array}\right\}$ ということ

☞ ②, ③は，小△と大△について，「対応する辺の比」をみているが，次のようにとらえることもできる．　　　　　☞ #この比を **相似比** という．

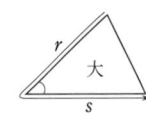

②を…

小△の	大△の
2辺の比	2辺の比
$p:q$	$=$	$r:s$

③を…（図略）

小△の	大△の
3辺の比	3辺の比
$x:y:z$	$=$	$l:m:n$

なお，欧米では次のように表示される．
① A.A.（AA）… 2 angles
② P.A.P.（PAP）… proportion-angle-proportion
③ P.P.P.（PPP）… proportion-proportion-proportion

☞ 相似の記号
○ △ABC∽△A′B′C′ …日本
○ △ABC〜△A′B′C′ …欧米

▷基本性質 2

4-02-1 相似の基本型 その1 ——平行な線がつくる相似形

① DE // BC ⇒ △ADE∽△ABC

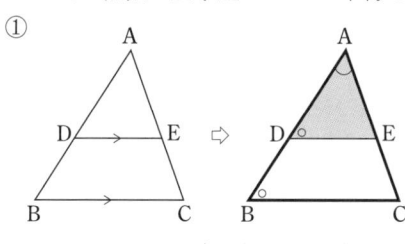

② DE // BC ⇒ △ADE∽△ABC

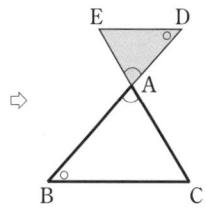

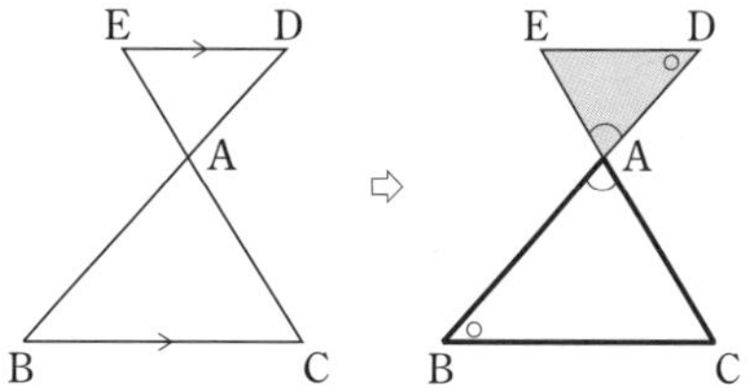

4-02-2 相似の基本型 その2 ——直角がつくる相似形

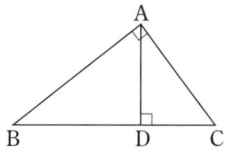

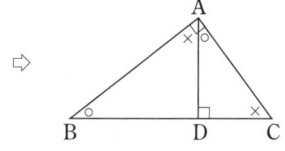

∠BAC=∠BDA=90° ⇒ △ABC∽△DBA∽△DAC

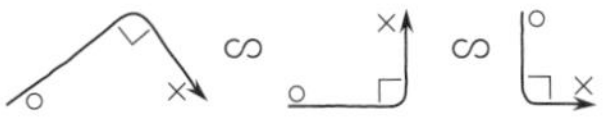

（理由）
Step 1 ○×=90°　トスル
Step 2 トナリ… トナル

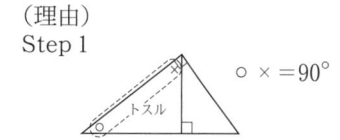

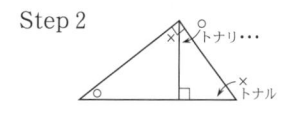

4-02-3 相似の基本型 その3 ——重なる角と等角がつくる相似形

① ∠BAC=∠BDE ⇒ △BAC∽△BDE

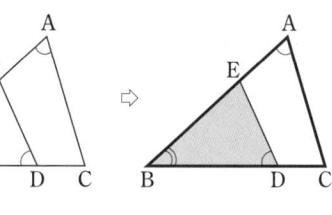

② ∠ABC=∠ACD ⇒ △ABC∽△ACD

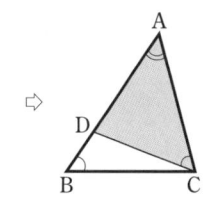

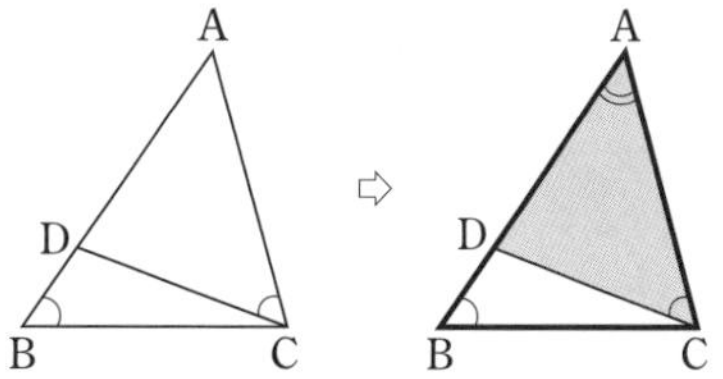

［コメント］ **4-02-2** は，**4-02-3** の特殊なもの，ということになりますが，入試での出題頻度から，上のように分類しました．

【例1】
△ABC…正三角形

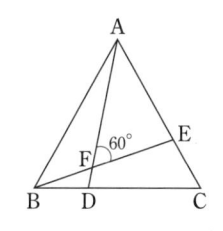

△AEF
∽△[　　]
∽△[　　]

解説

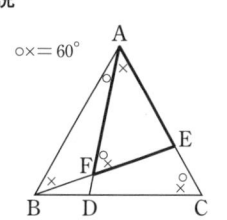

○×=60°

二角相等より
△AEF∽△ADC
　　　∽△BEA

☞ △ADC≡△BEA．また，
△BDF∽△BEC∽△ADB．

19

【例2】★

AB＝AC
DE＝DC
∠A＝∠D

△EBC∽△[　　]

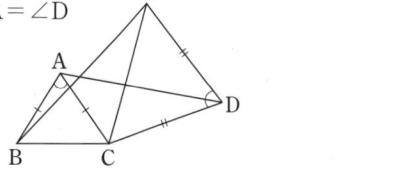

解説

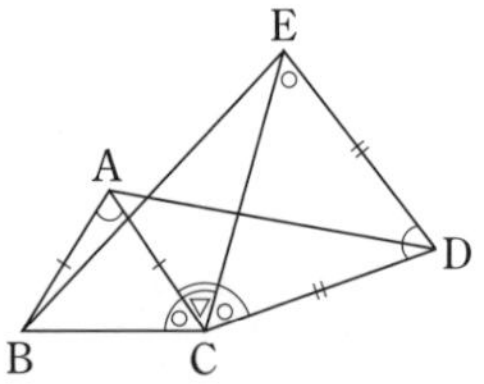

△ABC∽△DEC
（2辺比夾角相等）
より

BC：EC
＝AC：DC …①
∠BCE
＝∠ACD ……②

①，②（2辺比夾角相等）より，
△EBC∽△**DAC**

▷**基本性質** ③

4-03-1 相似がテーマの**基本図形**その1 ——平行な線がつくる相似形

① $a:b=c:d$
  $(a:c=b:d)$
  $(l /\!/ m /\!/ n)$

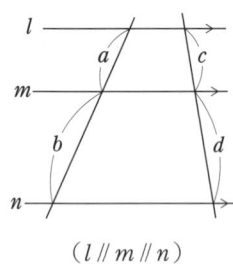

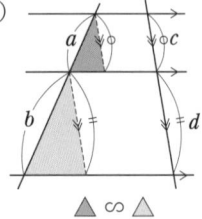

[同様に…]
$p:q=r:s$ 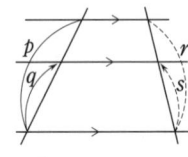
$(p:r=q:s)$

② $a:b=c:d$
  $(a:c=b:d)$
  $(l /\!/ m /\!/ n)$

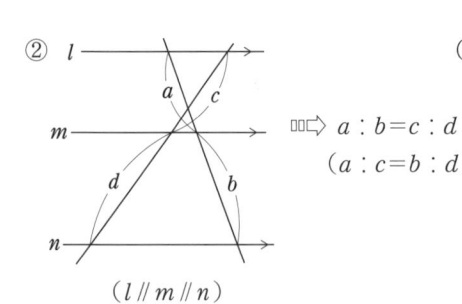

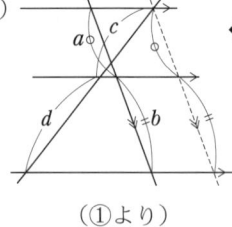

（理由）（①より）

デハナイ ←関係ない！

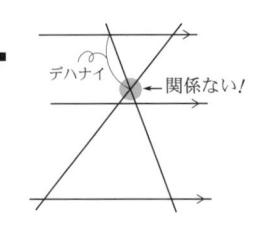

4-03-2 相似がテーマの**基本図形**その2 ——直角がつくる相似形

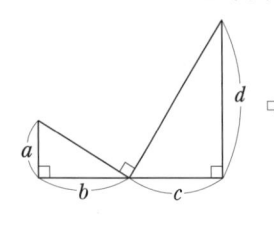

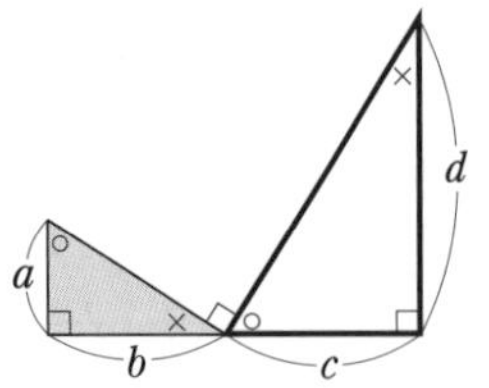

$a:b=c:d$

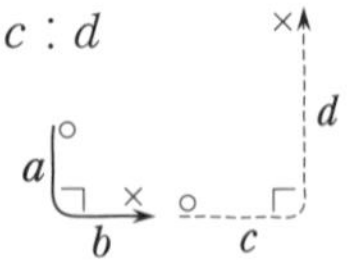

（理由）
Step 1　○×＝90°
Step 2　トナル　トナリ…

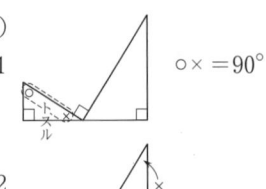

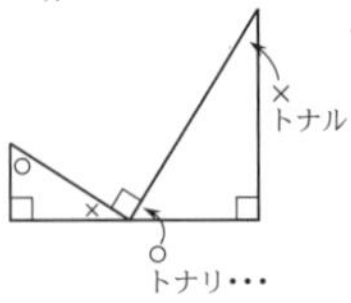

▶応用テーマ 1

4-01 〈このように〉見る その1

① (AD ∥ BC ∥ EF, AE : EB = m : n)

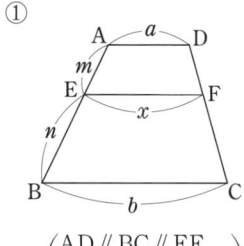

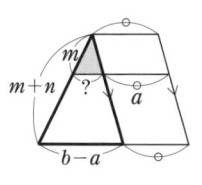

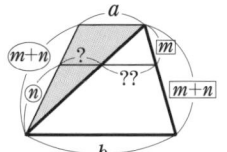

(その1) ? = $(b-a) \times \dfrac{m}{m+n}$

(その2) ? = $a \times \dfrac{n}{m+n}$
?? = $b \times \dfrac{m}{m+n}$

〈公式風に書くと…〉 $x = \dfrac{an+bm}{m+n}$

② (AB ∥ CD ∥ EF)

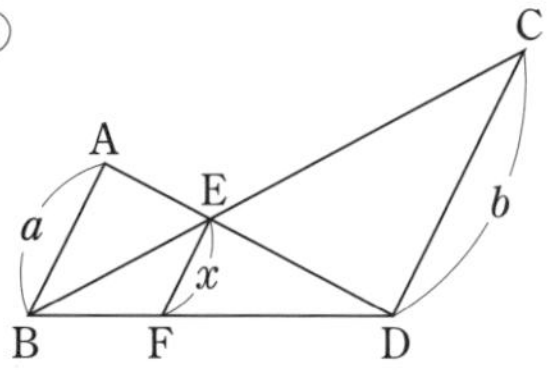

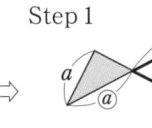

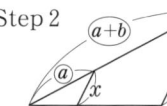

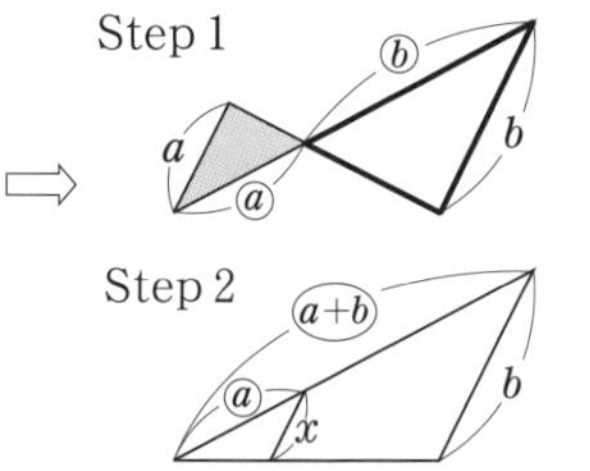

$x = b \times \dfrac{a}{a+b}$

〈公式風に書くと…〉 $x = \dfrac{ab}{a+b}$ …※

※の両辺に $(a+b)$ をかけて さらに両辺を abx で割ると,
$\dfrac{1}{x} = \dfrac{1}{a} + \dfrac{1}{b}$ となる.

③ (AB ∥ CD ∥ EF, BE ∥ FC)

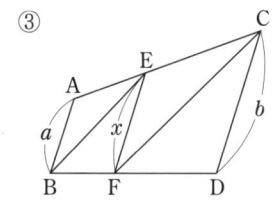

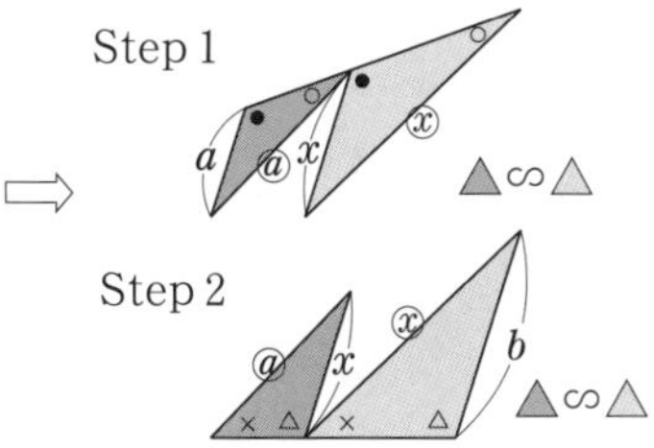

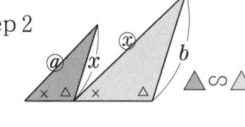

$x : b = a : x$ より,
$x^2 = ab$
○ $a=4$ cm, $b=9$ cm のとき, $x=6$ cm
○ $a=2$ cm, $b=3$ cm のとき, $x=\sqrt{6}$ cm

▶応用テーマ 2

4-02 〈このように〉見る その2
―― 正五角形の対角線の長さ ――

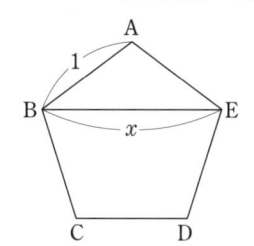

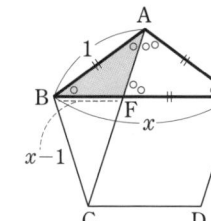

○ = 36°

△EBA ∽ △ABF より
$x : 1 = 1 : (x-1)$
∴ $x = \dfrac{1+\sqrt{5}}{2}$

頂角 36°の二等辺三角形も同じ構造.
$1 : a = a : (1-a)$ (○ = 36°)
より, $a = \dfrac{-1+\sqrt{5}}{2}$

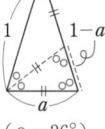

21

❖ 相似比と面積比・体積比

▷基本性質 ④

4-04-1 相似比と面積比

$\begin{cases} 相似比…長さ(サイズ)の比 \\ 面積比…広さの比 \end{cases}$

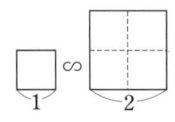

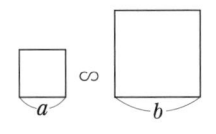

相似比 1 : 2
面積比 1 : 4
　　($1^2 : 2^2$)

相似比 $a : b$
面積比 $a^2 : b^2$

☞以下 ㊳…相似比，㊴…面積比，とする．

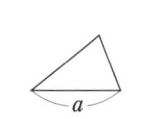

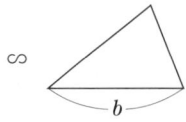

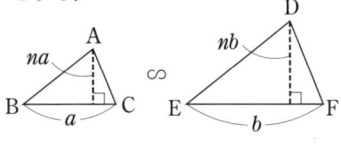

（理由）

㊳ $a : b$
㊴ $a^2 : b^2$

㊳ $a : b$ → 高さの比 $a : b$
　　　　　（na と nb とする）

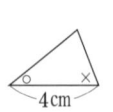

△ABC : △DEF
$= a \times na \times \dfrac{1}{2} : b \times nb \times \dfrac{1}{2}$
$= a^2 : b^2$

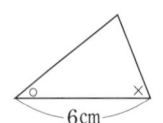

（例）
4cm， 6cm

㊳ 2 : 3
㊴ 4 : 9 ← $4^2 : 6^2$ を簡単にすると…でなく
　　($2^2 : 3^2$)　　簡単にした相似比の2乗 とする

☞相似ではない図形の面積比との区別（に注意！）

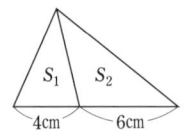

$S_1 : S_2 = 2 : 3$
$\begin{bmatrix} 底辺の比…2:3 \\ 高さ　…等しい \end{bmatrix}$

☞単位の cc(シーシー) は
cubic cm の略．
　　　　　3乗の，立方の
cube 立方体, 3乗ということ.

4-04-2 相似比と体積比

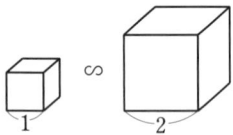

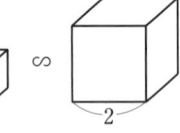

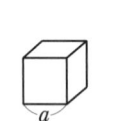

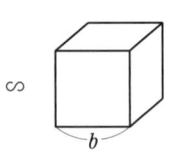

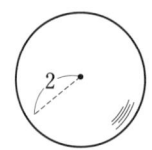

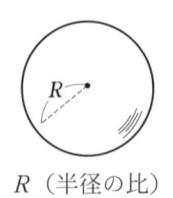

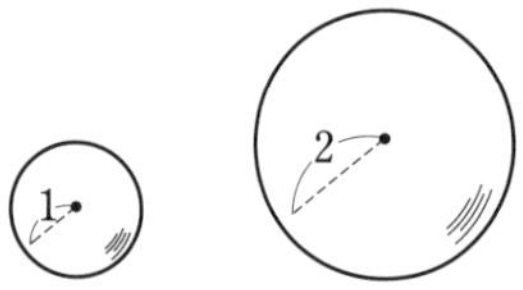

相似比 1 : 2
体積比 1 : 8
　　($1^3 : 2^3$)

相似比 $a : b$
体積比 $a^3 : b^3$

☞以下，㊱…体積比

㊳ 1 : 2
㊱ 1 : 8

㊳ $r : R$ （半径の比）
㊱ $r^3 : R^3$

▷基本性質 ⑤

4-05-1 非相似形の面積比

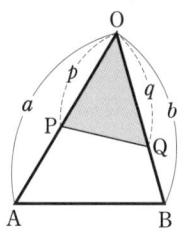

1° △OPQ : △OAB = $p \times q : a \times b$

2° △OPQ = △OAB × $\dfrac{p}{a} \times \dfrac{q}{b}$

☞ 1° と 2° は同じこと．
両方使えるようにしたい．

(理由その1)

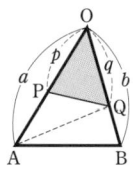

△OPQ = △OAQ × $\dfrac{p}{a}$
    ‖
   = (△OAB × $\dfrac{q}{b}$) × $\dfrac{p}{a}$
   = △OAB × $\dfrac{p}{a} \times \dfrac{q}{b}$

(理由その2)

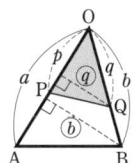

△OAB と △OPQ
底辺の比 $a : p$
高さの比 $b : q$
∴ △OAB : △OPQ
  = $a \times b : p \times q$

(例)

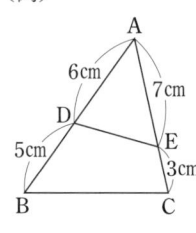

△ADE : ⌐DBCE = ?

(解1) △ADE : △ABC = 6×7 : 11×10
             = 21 : 55
    ∴ △ADE : ⌐DBCE = 21 : (55−21)
             = 21 : 34

(解2) △ADE = △ABC × $\dfrac{6}{11} \times \dfrac{7}{10}$ = △ABC × $\dfrac{21}{55}$

    ∴ △ADE : ⌐DBCE = $\dfrac{21}{55} : \left(1 - \dfrac{21}{55}\right)$ = 21 : 34

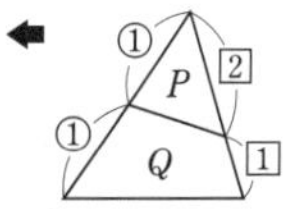

全体の
$P = \dfrac{1}{2} \times \dfrac{2}{3}$
(とするのはよいが)

全体の
$Q = \dfrac{1}{2} \times \dfrac{1}{3}$
(とするのはダメ)

Q はあくまで
全体−P！

4-05-2 相似形の面積比

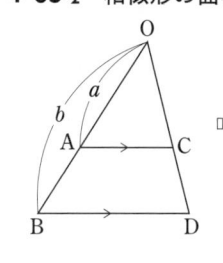

1° △OAC : △OBD = $a^2 : b^2$

2° △OAC : ⌐ABDC = $a^2 : (b^2 - a^2)$

(例)

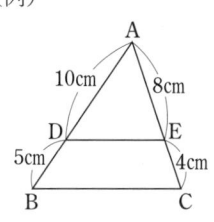

△ADE : ⌐DBCE = ?

(解) △ADE : △ABC = $2^2 : 3^2$
           = 4 : 9
    ∴ △ADE : ⌐DBCE = 4 : (9−4)
           = 4 : 5

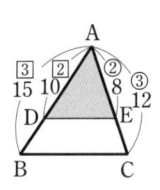

△ADE
∽
△ABC
(とわかる)

23

【例1】

（●印は等分点）

△PQR : △ABC = ☐ : ☐

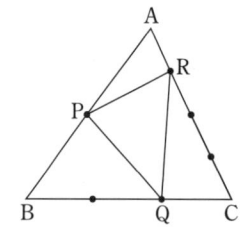

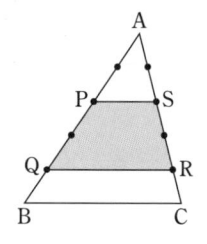

解説

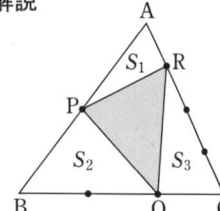

$S_1 = △ABC \times \dfrac{1}{2} \times \dfrac{1}{4}$

$S_2 = △ABC \times \dfrac{1}{2} \times \dfrac{2}{3}$

$S_3 = △ABC \times \dfrac{1}{3} \times \dfrac{3}{4}$

∴ $△PQR = △ABC \times \left\{1 - \left(\dfrac{1}{8} + \dfrac{1}{3} + \dfrac{1}{4}\right)\right\}$

$= △ABC \times \dfrac{7}{24}$

∴ △PQR : △ABC = 7 : 24

☞ **4-05**-1 の 1° より 2° の方が，本問の場合は式がつくりやすいことになる．

【例2】

（・印は等分点）

△PQRS = △ABC × ☐/☐

解説

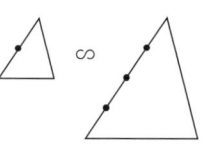

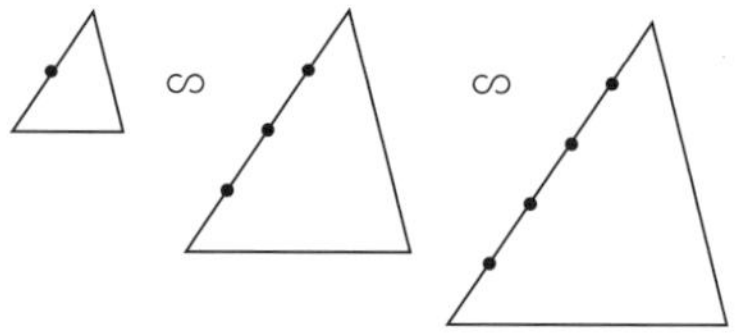

㊥ 2 : 4 : 5
㊟ 4 : 16 : 25

∴ $△PQRS = △ABC \times \dfrac{16 - 4}{25}$

$= △ABC \times \dfrac{12}{25}$ （倍）

☞

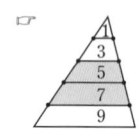

| 1 |
| 3 |
| 5 |
| 7 |
| 9 |

となっているので，

$\dfrac{5+7}{1+3+5+7+9}$ （倍）．

▶応用テーマ 3

4-03 回転して重ねる

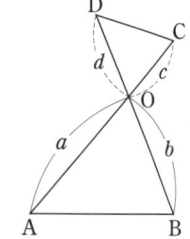

⟹ △OAB : △OCD = a×b : c×d

（理由）

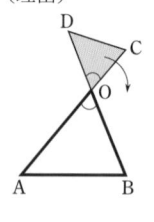

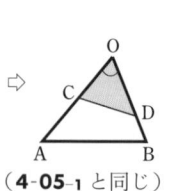

（**4-05**-1 と同じ）

4-04 回転してとなりへ

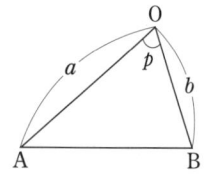

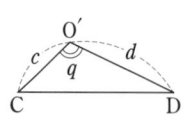

（∠p + ∠q = 180°）

⟹ △OAB : △O′CD = a×b : c×d

（理由）

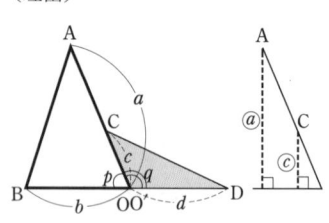

底辺の比 b : d
高さの比 a : c ｝だから

▶応用テーマ 4

4-05 面積比から線分比へ(not 相似形)

（Ⅰ）（Ⅱ）

➡ BD：CD ＝△ABP：△ACP
　■：■ ＝ ▲：△
　（線分の比）（面積の比）
　　ハ　　　カラワカル

（理由）

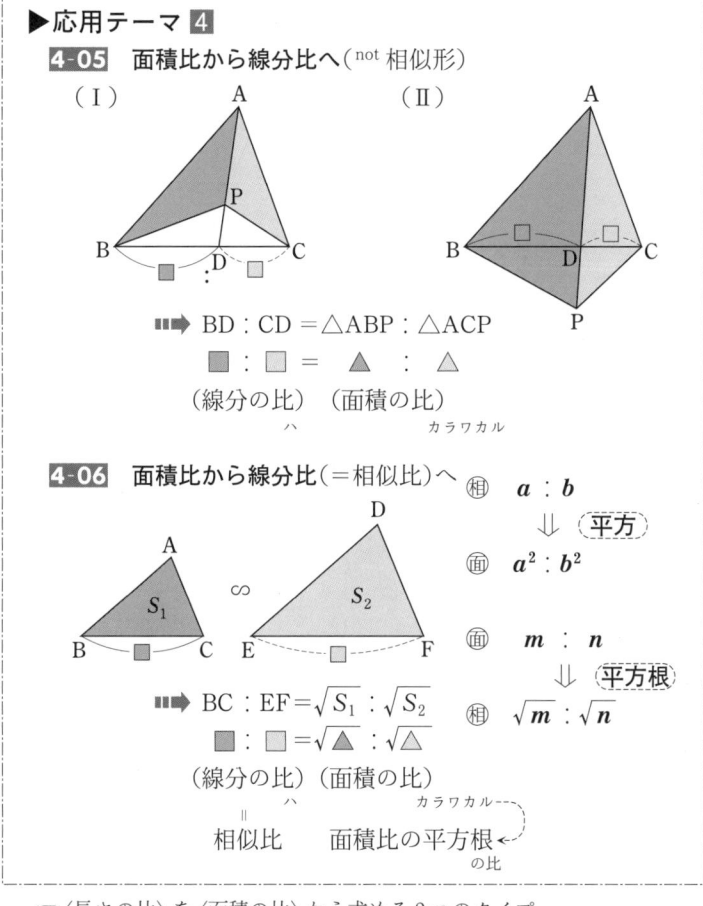

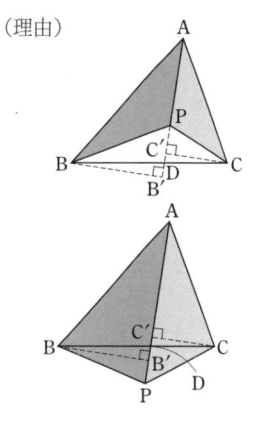

BD：CD＝BB'：CC'
　　　＝△ABP：△ACP
（ともに底辺は AP）

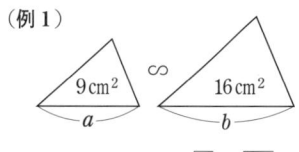

4-06 面積比から線分比(＝相似比)へ

㊥ $a : b$
　⇓ 平方
㊟ $a^2 : b^2$

㊟ $m : n$
　⇓ 平方根
㊥ $\sqrt{m} : \sqrt{n}$

➡ BC：EF ＝ $\sqrt{S_1} : \sqrt{S_2}$
　■：■ ＝ $\sqrt{▲} : \sqrt{△}$
　（線分の比）（面積の比）
　　ハ　　　カラワカル
　＝ 相似比　面積比の平方根
　　　　　　　　　　の比

（例1）

$a : b = 3 : 4 \leftarrow \sqrt{9} : \sqrt{16}$

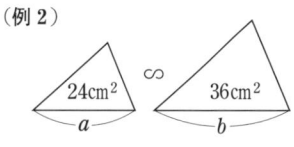

（例2）

㊟ $24 : 36 = 2 : 3$
㊥ $a : b = \sqrt{2} : \sqrt{3}$

♯ 簡単にしてから √ へ

☞〈長さの比〉を〈面積の比〉から求める2つのタイプ，
（その1）not 相似形 &（その2）相似…ということ．

【例3】

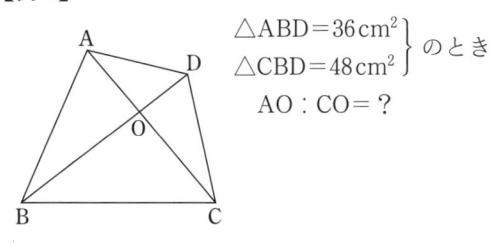

△ABD＝36cm²
△CBD＝48cm² のとき
AO：CO＝？

解説　AO：CO＝△ABD：△CBD
　　　　　　　＝36：48
　　　　　　　＝**3：4**

【例4】

PQ が△ABC の面積を
二等分しているとき，
AP＝□cm

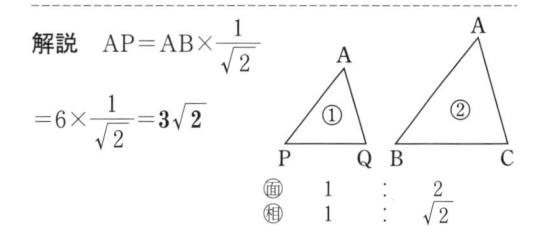

解説　AP＝AB×$\frac{1}{\sqrt{2}}$
　　　　＝$6 \times \frac{1}{\sqrt{2}} = 3\sqrt{2}$

㊟ 1 ： 2
㊥ 1 ： $\sqrt{2}$

▷基本性質 ⑥

4-05-3 相似形の体積比

[円すい]

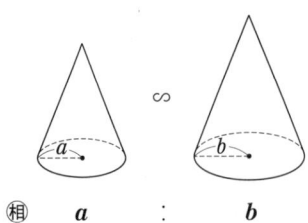

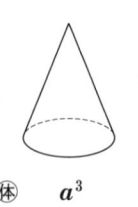

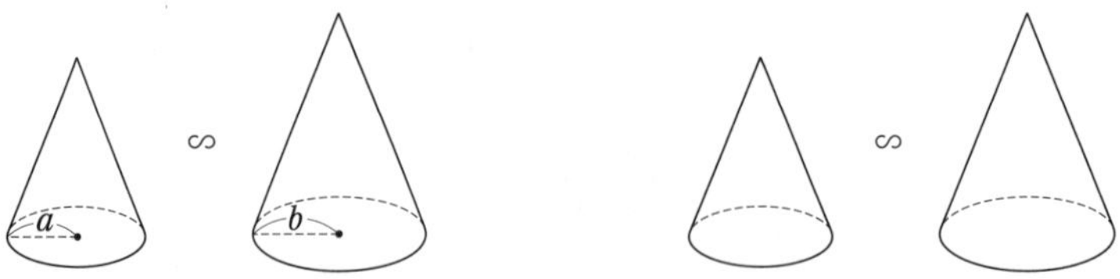

相 $a : b$ ⇒ 体 $a^3 : b^3$

(例)

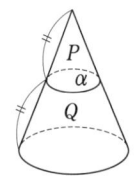

円すい : 円すい台
$P : Q = 1 : 7$
(体積比)

○ $Q = 全体 \times \dfrac{7}{8}$ (倍)

○ $Q = P \times 7$ (倍)

(α … 底面に平行な面)

(理由)

相 $1 : 2$
体 $1^3 : 2^3$
$= 1 : 8 \rightarrow 7$
$(8-1=7)$

[角すい]

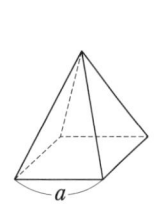

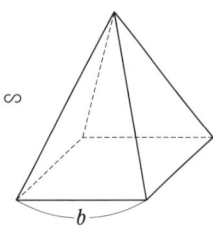

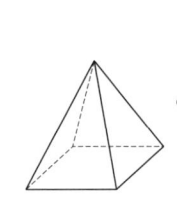

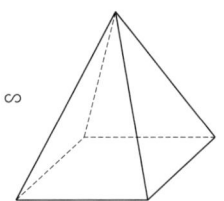

相 $a : b$ ⇒ 体 $a^3 : b^3$

(例)

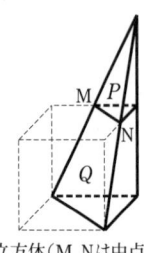

立方体(M, Nは中点)

三角すい : 三角すい台
$P : Q = 1 : 7$
(体積比)

○ $Q = 全体 \times \dfrac{7}{8}$ (倍)

○ $Q = P \times 7$ (倍)

(理由)

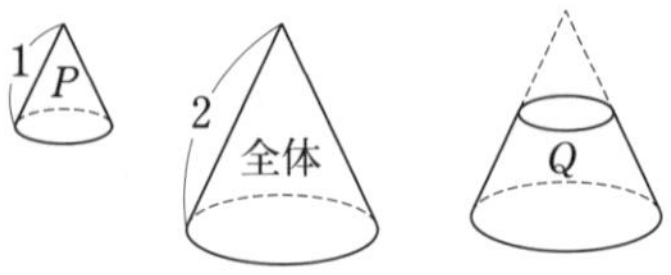

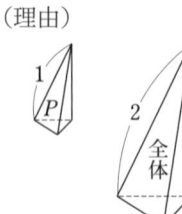

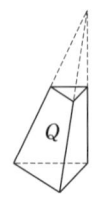

相 $1 : 2$
体 $1^3 : 2^3$
$= 1 : 8 \rightarrow 7$
$(8-1=7)$

▱ 円すい・角すいともに，底面積の比が $a^2 : b^2$ (面積比) 高さの比も $a : b$ なので，体積比は $a^3 : b^3$．

【例1】

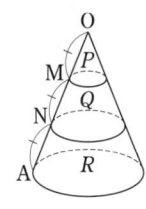

$P : Q : R = ?$

円すい 円すい台 円すい台

(M, N は 3 等分点)

[底辺に平行な面で切断]

解説

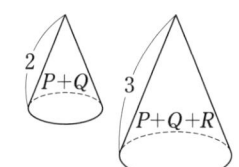

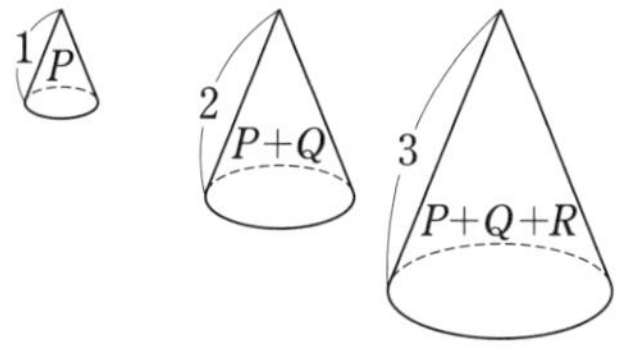

㊝ 相 $1 : 2 : 3$
㊝ 体 $1^3 : 2^3 : 3^3$
$ = 1 : 8 : 27$

$P = 1$ とすると
$Q = 8 - 1 = 7$
$R = 27 - 8 = 19$

$\therefore P : Q : R = \mathbf{1 : 7 : 19}$

【例2】

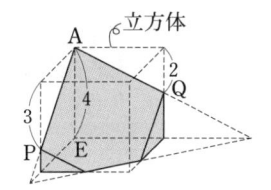

$[V] = [A] \times ?$

A を頂点とする三角すいの体積を $[A]$, 立方体を切断した図形の, 頂点 E を含む立体(網目の部分)の体積を $[V]$ とする.

解説

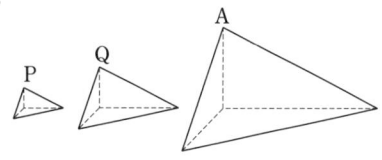

㊝ 相 $1 : 2 : 4$
㊝ 体 $1^3 : 2^3 : 4^3$
$ = 1 : 8 : 64 = [A]$

$\therefore [V] = 64 - (1 + 8) = 55$

$\therefore [V] = [A] \times \dfrac{\mathbf{55}}{\mathbf{64}}$

☞ P を頂点とする三角すいの体積を $[P]$ とすれば, $[V] = [P] \times 55$ と計算できる.

正多面体の展開図(p.113 の続き)

▷ **正十二面体**

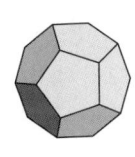

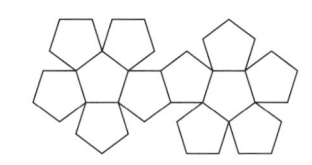

▷ **正二十面体**

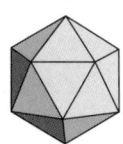

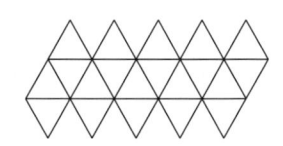

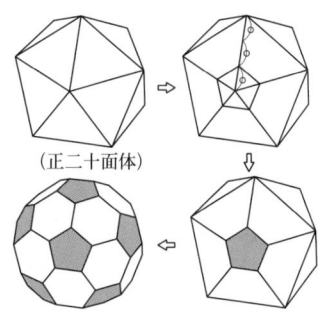

☞ どちらも, 展開図の一例ということ.

☞ サッカーボールの元になる多面体のつくり方

(正二十面体)

(切頭二十面体)

［5］三平方の定理 と 特別な直角三角形

相似か
三平方か
ツー
意識をもって
ということか

図形分野攻略の鍵ともいえる「三平方の定理」は，平面図形・立体図形の両方の分野で縦横無尽の活躍をします．最初の判断——何を使って解くか——＜「相似」か「三平方」か＞という判断です．直角三角形をいかに使うか，どこに垂線を引いて直角三角形をつくるかという着眼が，勝負を決します．

▷**基本性質 1**

5-01-1　三平方の定理（ピタゴラスの定理）

（図の直角三角形 ABC において）

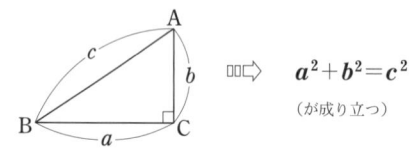

$$a^2+b^2=c^2$$
（が成り立つ）

例①　$3^2+4^2=5^2$
　　　　$\underset{25}{\parallel}\ \ \underset{25}{\parallel}$

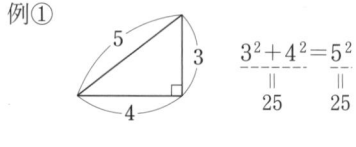

例②　$1^2+2^2=(\sqrt{5})^2$
　　　　$\underset{5}{\parallel}\ \ \underset{5}{\parallel}$

5-01-2　三平方の定理の逆

（図の三角形 ABC において）

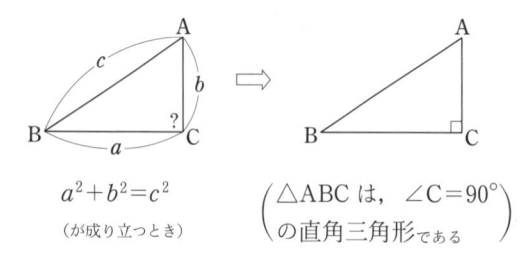

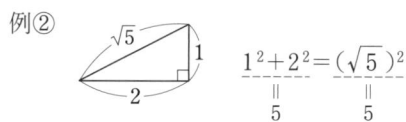

$a^2+b^2=c^2$
（が成り立つとき）

$\Rightarrow$ （△ABC は，∠C＝90°の直角三角形である）

例　$AB^2+AC^2=15^2+8^2$
　　　　　　　　$=289$
　　$BC^2=17^2=289$
　　より
　　△ABC は∠A＝90°
　　の直角三角形

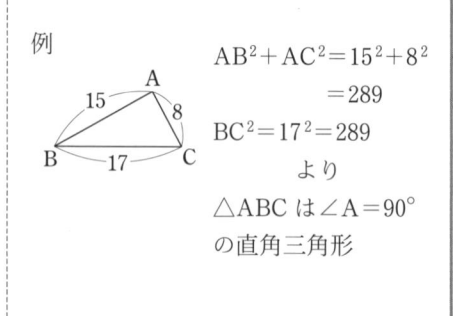

☞〈三平方の定理（ピタゴラスの定理）The Pythagorean theorem〉とは……．
　直角三角形において，斜辺の 2 乗は他の 2 辺の 2 乗の和に等しい．
　　In a right triangle, the square of the hypotenuse is equal to the sum of the squares of the legs.
　というもので，他の三角形では使われることのない
　　「斜辺」——直角と向かいあっている辺（最大辺）——
　が大きな意味をもつことになり，他の 2 辺（the other two sides）は，ただの足（legs）というわけ．

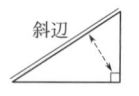

斜辺

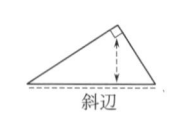

斜辺

▷**基本性質** 2

5-02 三平方の定理の証明(例)

① ……面積で……

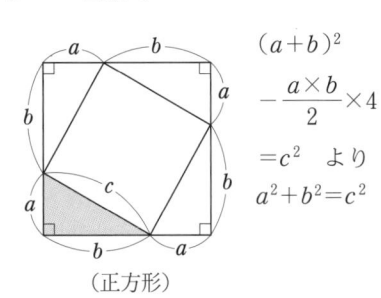

$(a+b)^2 - \dfrac{a \times b}{2} \times 4 = c^2$ より
$a^2 + b^2 = c^2$

(正方形)

② ……相似で……

(ⅰ)より，$BD = a \times \dfrac{a}{c} = \dfrac{a^2}{c}$

(ⅱ)より，$AD = b \times \dfrac{b}{c} = \dfrac{b^2}{c}$

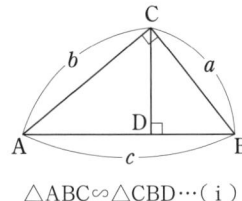

△ABC∽△CBD…(ⅰ)
△ABC∽△ACD…(ⅱ)

∴ $\dfrac{a^2}{c} + \dfrac{b^2}{c} = c$

∴ $a^2 + b^2 = c^2$

③ ……**合同と面積**(等積変形)で……

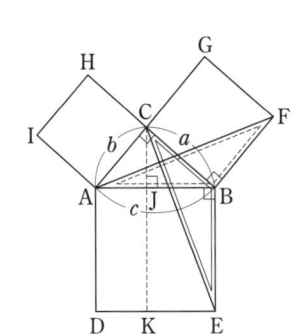

△ABF と △EBC において，
　AB＝EB，BF＝BC，∠ABF＝∠EBC（＝90°＋∠ABC）
2辺夾角相等より，△ABF≡△EBC
∴　△ABF＝△EBC（面積が等しい）
これより，□BFGC ＝ □BEKJ
　　　　　　 ∥　　　 ∥
　　　　 (2△ABF) (2△EBC)

同様に，　□AIHC ＝ □ADKJ
∴　□BFGC＋□AIHC ＝ □ABED
∴　$a^2 + b^2 = c^2$

5-03 残りの1辺を求める

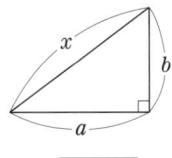

$x = \sqrt{a^2 + b^2}$ 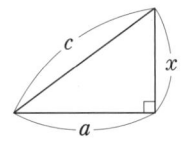　　　$x = \sqrt{c^2 - a^2}$ 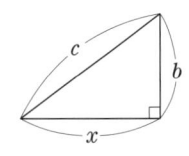　　　$x = \sqrt{c^2 - b^2}$

(例)

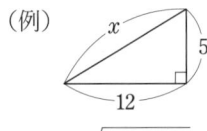

$x = \sqrt{12^2 + 5^2}$　　　$x = \sqrt{3^2 - (2\sqrt{2})^2}$　　　$x = \sqrt{(\sqrt{5})^2 - 1^2}$
　　$= 13$　　　　　　　　　$= 1$　　　　　　　　　　　$= 2$

☞ただし，右図のような場合は
　$x = \sqrt{(\sqrt{5})^2 - (x+1)^2}$　（←$\sqrt{}$ の中に x がある）
　としないで，$x^2 + (x+1)^2 = (\sqrt{5})^2$ とする．

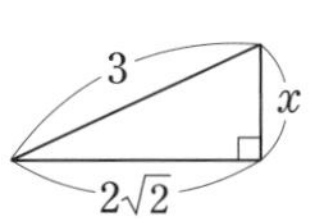

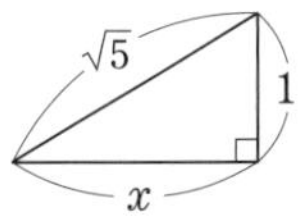

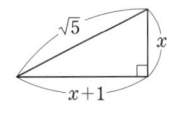

(例)

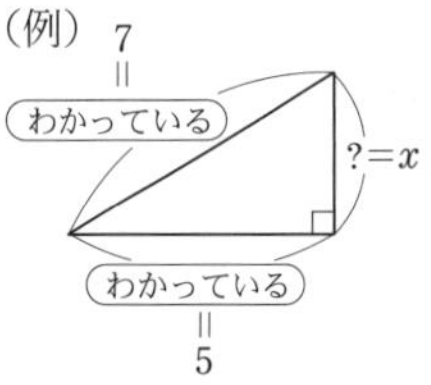

　　わかっている ＝ 7
　　わかっている ＝ 5，？＝x

○方法Ⅰ
　$x^2 + 5^2 = 7^2$ より
　$x^2 = 24$
　∴　$x = \pm 2\sqrt{6}$
　　$x > 0$ より
　　$x = 2\sqrt{6}$

○方法Ⅱ（**5-03**）
　$x = \sqrt{7^2 - 5^2}$
　　$= 2\sqrt{6}$

☞どの程度詳しく答案を書く必要があるかによって，使い分ける．

▶応用テーマ 1

5-01 三平方の応用定理

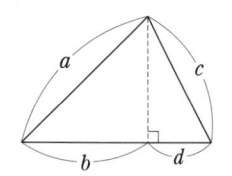

$$a^2 - b^2 = c^2 - d^2$$

着眼イメージ

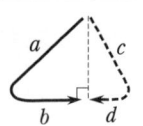

（理由） $AH^2 = AB^2 - BH^2$
$AH^2 = AC^2 - CH^2$ （より）

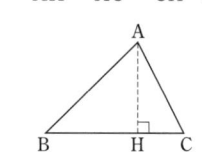

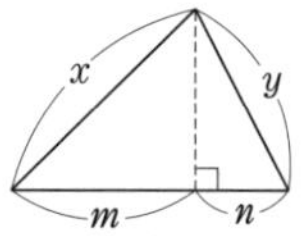

$$x^2 - y^2 = m^2 - n^2$$

としても，同じことです．
「三平方の応用定理」というのは（私が）勝手につけた名前．
〈アレを使って…〉
と，図形イメージと名称がパッと頭に思い浮かぶようにしておきたいから．

5-02 三角形の高さ・面積を求める

——三角形の3辺から高さ・面積を求める——

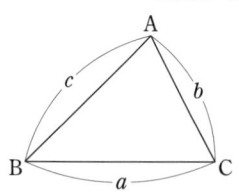

Step 1：

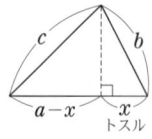

$c^2 - (a-x)^2 = b^2 - x^2$ より

$x = \square$

Step 2：

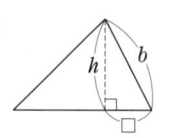

$$h = \sqrt{b^2 - \square^2}$$ （高さ）

Step 3： $S = a \times h \times \dfrac{1}{2}$ （面積）

〈高さ〉を x としないのがコツ♪

としないで♯ Step 1 へ

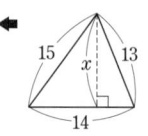

$\sqrt{15^2 - x^2} + \sqrt{13^2 - x^2} = 14$
（誤りではないが避けたい．中学生には計算が困難なので．）♯

【例1】

△ABC の面積 $S = \square$ cm^2

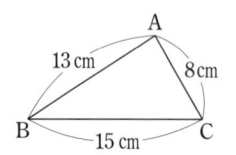

（13cm, 8cm, 15cm）

解説 $8^2 - x^2 = 13^2 - (15-x)^2$
より，$x = 4$
∴ $h = \sqrt{8^2 - 4^2} = 4\sqrt{3}$
∴ $S = 15 \times 4\sqrt{3} \times \dfrac{1}{2} = \mathbf{30\sqrt{3}}$ 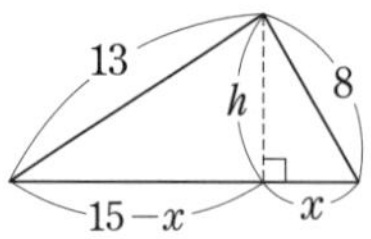

【例2】

右図の台形の面積 $S = \square$ cm^2

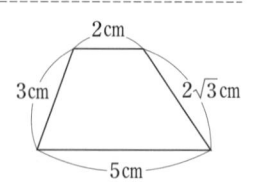

（上辺 2cm，左辺 3cm，右辺 $2\sqrt{3}$cm，下辺 5cm）

解説 $3^2 - x^2 = (2\sqrt{3})^2 - (3-x)^2$
より，$x = 1$
∴ $h = \sqrt{3^2 - 1^2} = 2\sqrt{2}$
∴ $S = (2+5) \times 2\sqrt{2} \times \dfrac{1}{2} = \mathbf{7\sqrt{2}}$

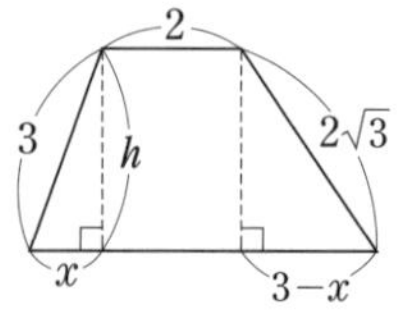

▷基本性質 ③

5-04-1 特別な直角三角形①——整数比タイプ 〈ミンナ知ッテイル〉

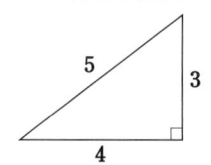

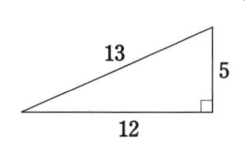

(3, 4, 5) / (5, 12, 13)

(例①)
9cm, $x$cm, 15cm の直角三角形

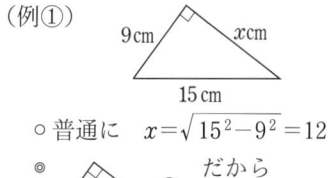

○普通に $x=\sqrt{15^2-9^2}=12$

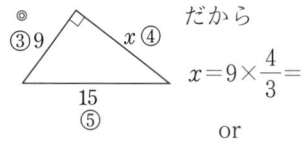

◎ ③9, ④x, ⑤15 だから

$$x=9\times\frac{4}{3}=12$$

or

$$x=15\times\frac{4}{5}=12$$

5-04-2 特別な直角三角形②——三角定規形タイプ 〈ミンナ知ッテイル〉

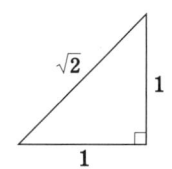

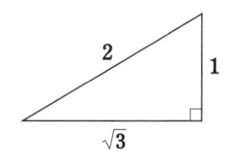

($\sqrt{2}$, 1, 1) / (2, $\sqrt{3}$, 1)

(例②)
6cm, $x$cm, 3cm — 正三角形

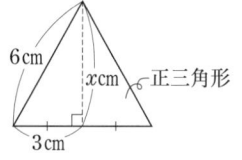

○普通に $x=\sqrt{6^2-3^2}=3\sqrt{3}$

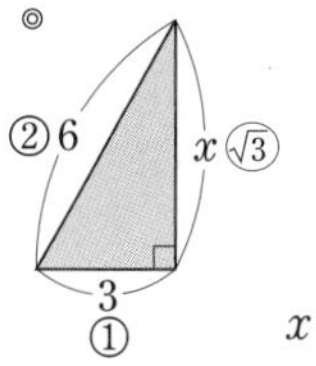

◎ ②6, x $\sqrt{3}$, ①3

$$x=6\times\frac{\sqrt{3}}{2}=3\sqrt{3}$$

or

$$x=3\times\sqrt{3}=3\sqrt{3}$$

5-04-3 特別な直角三角形③——スーパーサブ代表2つ

(その1) ($\sqrt{5}$, 1, 2)　(その2) ($\sqrt{3}$, 1, $\sqrt{2}$)

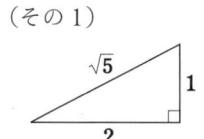

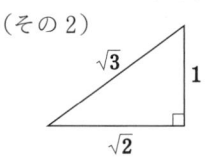

☞ # 平面図形だけでなく立体図形で(その2)
また，座標平面等で(その1)，頻出．

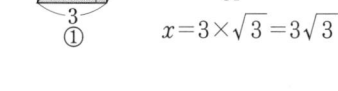

▶応用テーマ ②

5-03 隠れた三角定規形

[例1] 60°, 75°, 底辺6, 斜辺x ⇒ 45°, $\sqrt{3}$, $\sqrt{3}$, 60°, 30°, 45°

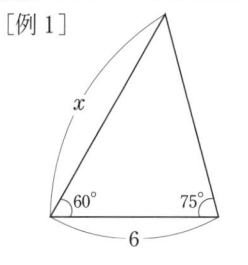

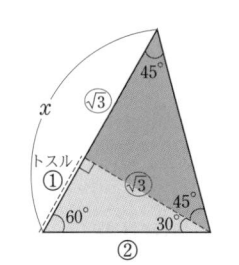

[例2] 1, 120°, 2, x ⇒ 1, 60°, $\sqrt{3}$, 2, x

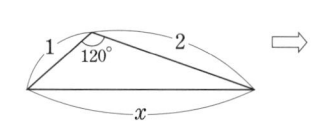

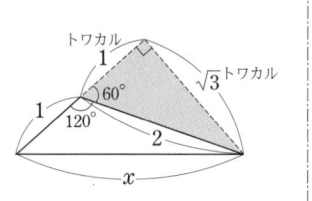

[例1] $x=6\times\dfrac{1+\sqrt{3}}{2}$
　　　　$=3(1+\sqrt{3})$

[例2] $x=\sqrt{2^2+(\sqrt{3})^2}=\sqrt{7}$

◀なんとなく↓(垂線)を引くと

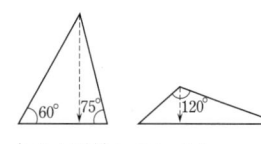

60°, 75° / 120°

大きく脱線してしまう．

$\left.\begin{array}{l}75°=30°+45°\\120°=180°-60°\end{array}\right\}$ など

<u>隠れた特別角</u>(30°・60°, 45°)
を発見せよ，というテーマ．

[6] 円

高校受験に必要な円の重要性質はたくさんあります．その一つ一つがしっかり頭に入っていないと，とても「使う」ことなどできません．問題を解いて経験を積むことも当然必要ですが，円の重要性質をノートの数ページにまとめて整理して，いつも目で見て確認するという方法を勧めます．

❖ 円の性質——円周角の定理 と 接線の性質——

▷**基本性質** $\boxed{1}$

6-01-1 円周角の定理

[I]

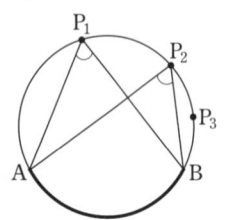

弧 AB に対する円周角はすべて等しい．

$\angle AP_1B$
$= \angle AP_2B$
$= \angle AP_3B$
$\vdots$

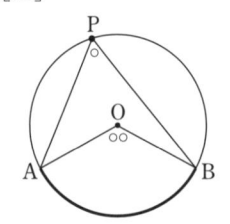

[II]

弧 AB に対する円周角は弧 AB に対する中心角の $\dfrac{1}{2}$

$\underline{\angle APB} = \dfrac{1}{2}\underline{\angle AOB}$
 円周角   中心角

(理由)—[II]—

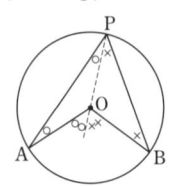

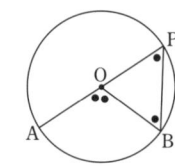

(ケース①) (ケース②)

(ケース③)

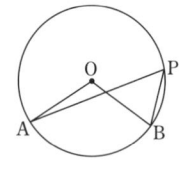

←等角の記号を書き入れて，確認しておくこと．

(理由)—[I]—

[II]より，どの円周角も

中心角の $\dfrac{1}{2}$（に等しい）

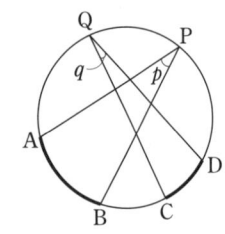

6-01-2 円周角と弧の長さの対応関係

$\angle p : \angle q = \overparen{AB} : \overparen{CD}$
（円周角の比＝弧の長さの比）

(理由)

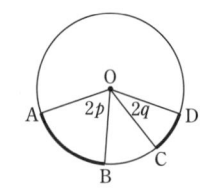

[中心角の比と弧の長さの比は等しいから．]

☞理由を考えればすぐわかるが…
$\angle p : \angle q$ は，弦 AB と弦 CD の長さの比に対応しているわけではない．

6-01-3 円周上にない点がつくる角

（その1）　　　　　　　　　　　（その2）

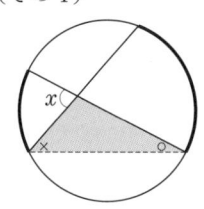

$x = \circ + \times$
円周角の **和**

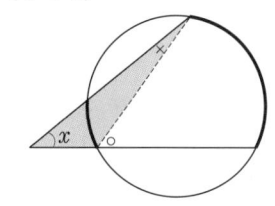

$x = \circ - \times$
円周角の **差**

6-02 内接四角形の性質

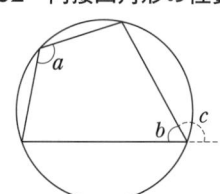

⇒ $\angle a + \angle b = 180°$
⇒ ∴ $\angle c = \angle a$

（理由）

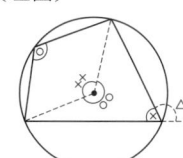

$\circ\circ\times\times = 360°$
∴ $\circ\times = 180°$
∴ $\circ = \triangle$

▶基本性質 2

6-03-1 円の接線

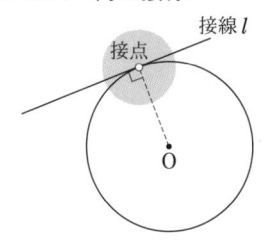

接点　接線 l

⇒ 接線 l ⊥ 半径（接点を通る）

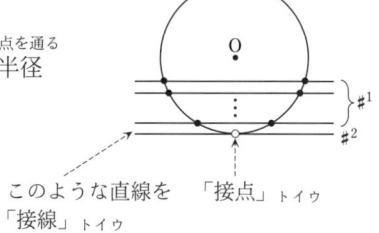

#1 直線が円と…
2点で交わる．（交点が2個）

このような直線を「接線」トイウ　「接点」トイウ

#2 直線が円と…「接する」トイウ

6-03-2 接線の性質 その1

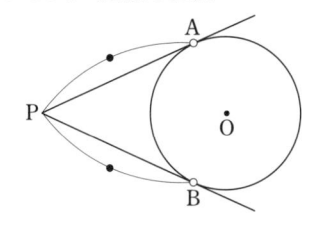

⇒ （2本の接線は）
PA＝PB
長さが等しい．

（理由）

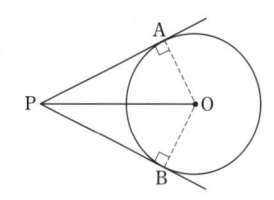

△PAO ≡ △PBO
より
PA＝PB

6-03-3 接線の性質 その2

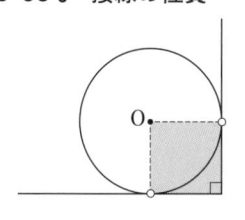

直交する2本の接線がつくる四角形
⇒ ▨ は正方形

[使い道]

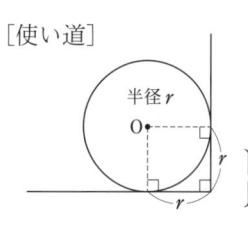

半径 r

r とすることができる．

6-04 円に外接する四角形※

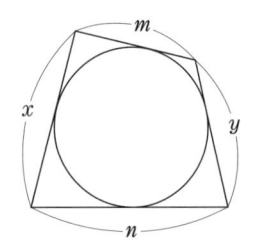

$x+y=m+n$

（理由） 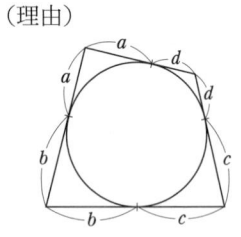
$$x+y=a+b+c+d$$
$$m+n=a+d+b+c$$
$$\therefore\ x+y=m+n$$

※「円が内接する四角形」ともいえる． ☞〈接点で分ける〉のがポイント．

▶応用テーマ **1**

6-01 内接円の半径 その1 ——三角形——

[1] 普通の**三角形**

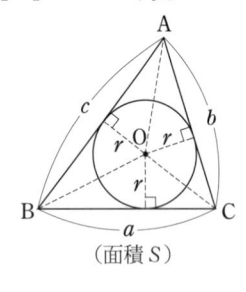

$\triangle ABC = \triangle OBC + \triangle OCA + \triangle OAB$

ケース1 わかっている　a, b, c と r で表す
ケース2 わかっていない　面積で
　　⇓
求める（5-02（p.30））

（面積 S）

◀[1]
$S = \dfrac{a \times r}{2} + \dfrac{b \times r}{2} + \dfrac{c \times r}{2}$
より
$r = \dfrac{2S}{a+b+c}$

[2] **直角三角形**

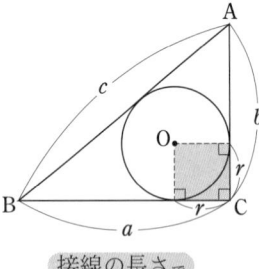

接線の長さで

[2]
$(a-r) + (b-r) = c$
より
$r = \dfrac{a+b-c}{2}$

[3] **二等辺三角形**

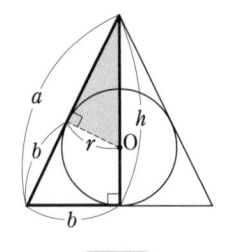

相似で

[3]
$(a-b) : r = h : b$
より
$r = \dfrac{b(a-b)}{h}$
$\left(r = (a-b) \times \dfrac{b}{h}\right)$

[4] **正三角形**

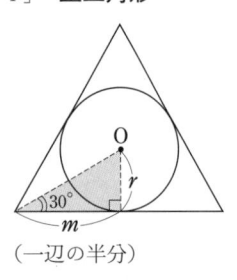

（一辺の半分）
三角定規形で

☞[1]～[4]どれも…
面積で が可能…
また[3]，[4]は… 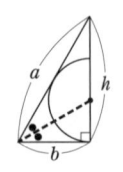
角の二等分線定理で（が可能）

[4]
$r = m \times \dfrac{1}{\sqrt{3}}$

☞ $r = h \times \dfrac{b}{a+b}$

正三角形の場合は，$r = h \times \dfrac{1}{3}$

34

6-02 内接円の半径 その2 ——台形——

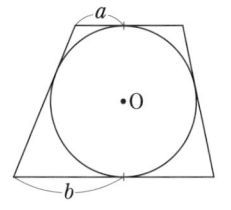

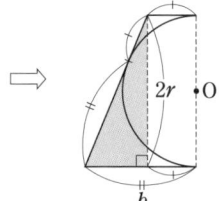

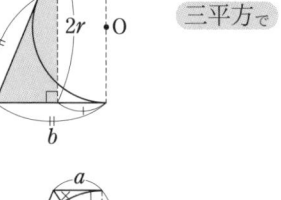

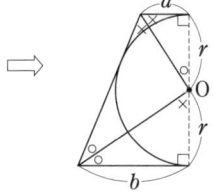

三平方で

相似で

☞ 普通の四角形は…. 面積で

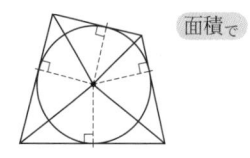

したがって，台形も，面積を利用することができるが，左のような方法が利用価値大．

▶応用テーマ 2

6-03 外接円の半径

[1] 普通の三角形

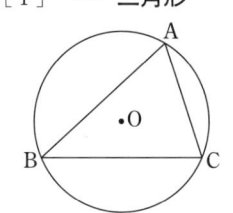

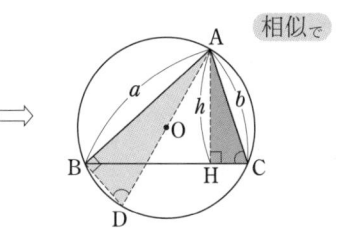

相似で

△ABD∽△AHC (より)

[2] 正三角形

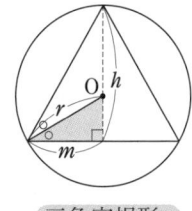

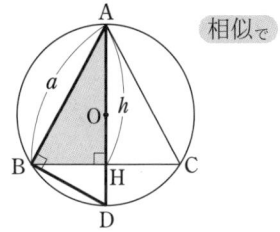

三角定規形で

角の二等分線定理で

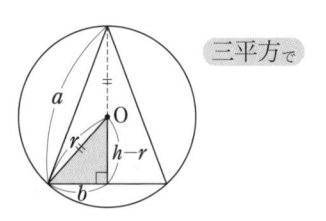

[3] 二等辺三角形

相似で

三平方で

◀ 6-01 [1] 6-03 [1] をまとめると…

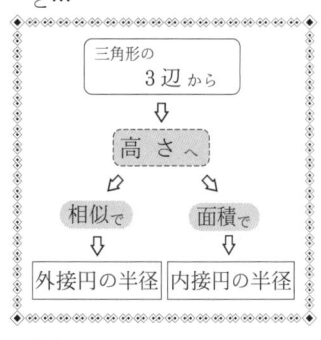

三角形の3辺から ⇒ 高さへ
↙ 相似で ↘ 面積で
外接円の半径　内接円の半径

となる．

◀ [1] $a:2r=h:b$ より
$$r=\frac{ab}{2h}$$

[2] $r=m\times\dfrac{2}{\sqrt{3}}$
（または）
$r=h\times\dfrac{2}{3}$

[3] 相似で
$a:2r=h:a$ より
$$r=\frac{a^2}{2h}$$
三平方で
$(h-r)^2+b^2=r^2$
（または）
$a^2-h^2=r^2-(h-r)^2$
(5-02 (p.30) より)

35

【例1】

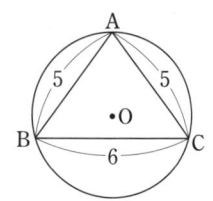

円Oの半径
$r = \boxed{}$

【例2】

（円Oの半径2）
$x = \boxed{}$

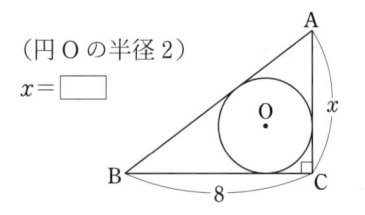

解説

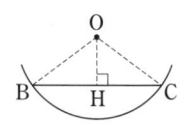

図で，
△OBH ≡ △OCH
より，BH = CH

中心から弦への垂線は弦を二等分する
ということ

☞ 二等辺三角形 ABC では3点 A, O, H が一直線上に並ぶ．

〈その1〉

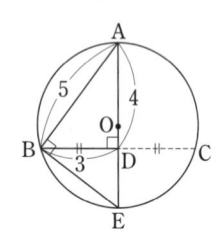

図の BD = 3
$AD = \sqrt{5^2 - 3^2} = 4$
△ABD ∽ △AEB より
AB : AE = AD : AB
$5 : 2r = 4 : 5$
∴ $r = \dfrac{25}{8}$

〈その2〉

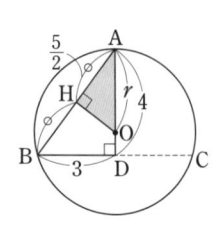

図の H は AB の中点，
△AOH ∽ △ABD
より
$r = AH \times \dfrac{5}{4}$
$= \dfrac{5}{2} \times \dfrac{5}{4} = \dfrac{25}{8}$

〈その3〉

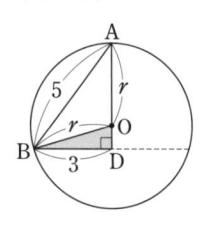

図の $OD = 4 - r$
$(4-r)^2 + 3^2 = r^2$ より
$r = \dfrac{25}{8}$

解説

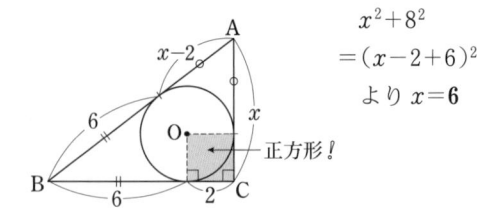

$x^2 + 8^2 = (x-2+6)^2$
より $x = 6$

正方形！

【例3】

半円の半径 $r = \boxed{}$

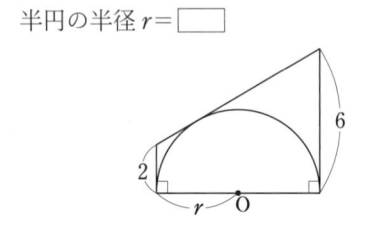

解説

〈その1〉

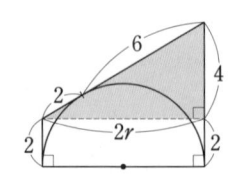

$4^2 + (2r)^2 = 8^2$ より
$r = 2\sqrt{3}$

〈その2〉

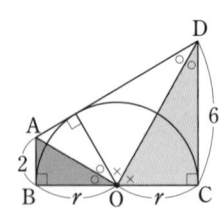

△ABO ∽ △OCD
より
$2 : r = r : 6$
$r^2 = 12$
より $r = 2\sqrt{3}$

【例4】

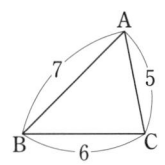

△ABC の
内接円の半径
$r=\boxed{}$
外接円の半径
$R=\boxed{}$

解説

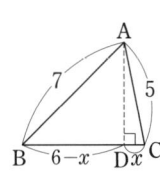

$5^2 - x^2 = 7^2 - (6-x)^2$
より $x=1$
∴ $AD = \sqrt{5^2 - 1^2} = 2\sqrt{6}$
∴ △ABC $= 6 \times 2\sqrt{6} \times \dfrac{1}{2} = 6\sqrt{6}$

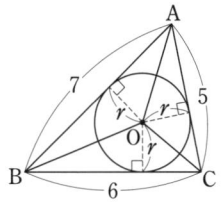

$\triangle ABC = \begin{cases} \triangle ABO \\ + \\ \triangle BCO \\ + \\ \triangle CAO \end{cases}$

$7 \times r \times \dfrac{1}{2} + 6 \times r \times \dfrac{1}{2} + 5 \times r \times \dfrac{1}{2} = 6\sqrt{6}$ より

$r = \dfrac{2\sqrt{6}}{3}$

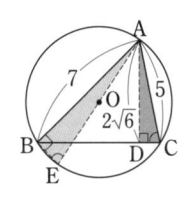

△ABE∽△ADC より
AB : AE = AD : AC
$7 : 2R = 2\sqrt{6} : 5$
∴ $R = \dfrac{35\sqrt{6}}{24}$

＊　　　＊　　　＊　　　＊

☛（【例2】）「3:4:5 の直角三角形の内接円の半径は1」(確認せよ！)という事実から次のような性質があるとわかり，利用も可能．

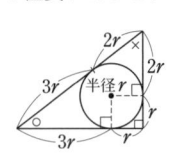

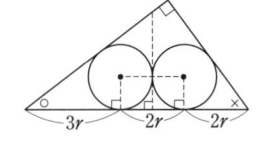

【例5】

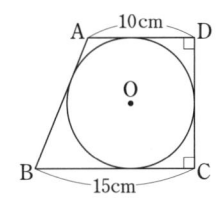

台形 ABCD に内接する円 O の半径 $r=\boxed{}$.

解説　AB+CD=AD+BC（**6-04** より）で，
CD=2r より，AB=(10+15)−2r 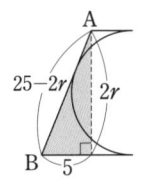
$(2r)^2 + 5^2 = (25-2r)^2$
より $r=6$

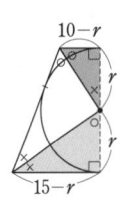

☛右図の相似形を利用して
$(10-r) : r = r : (15-r)$
とすることもできる．

【例6】

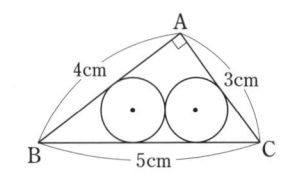

△ABC に図のように接している等円の半径 $r=\boxed{}$.

解説　△ABC
$= \triangle ABO_1 + \triangle ACO_2 + \triangle AO_1O_2$
　＋台形 O_1BCO_2

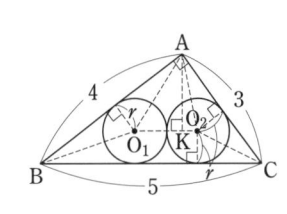

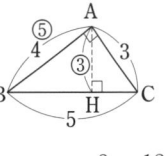

$AH = 4 \times \dfrac{3}{5} = \dfrac{12}{5}$

$6 = 4 \times r \times \dfrac{1}{2} + 3 \times r \times \dfrac{1}{2} + 2r \times \left(\dfrac{12}{5} - r\right) \times \dfrac{1}{2}$
$\quad + (2r+5) \times r \times \dfrac{1}{2}$　　より　$r = \dfrac{5}{7}$

37

▷ 基本性質 3

6-05 円がつくる相似形 基本タイプ

（例1）

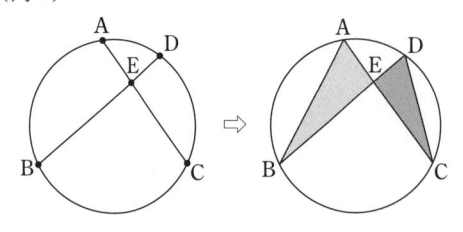

△ABE ∽ △DCE

▱ 各例について，相似条件を確認すること．

（例2）

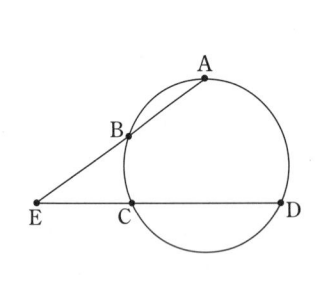

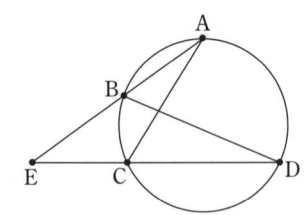

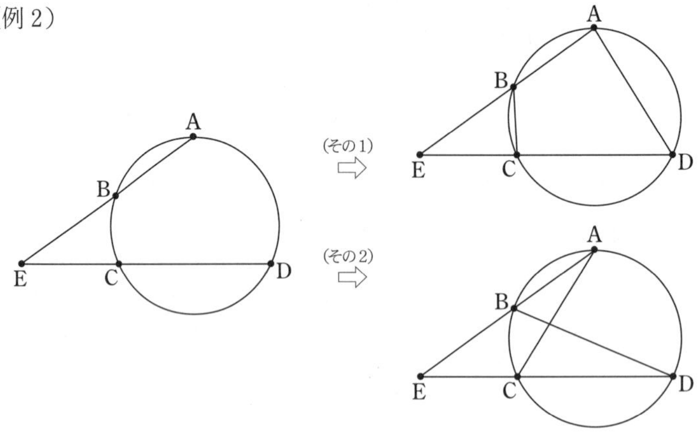

（その1）
△EAD ∽ △ECB

（その2）
△EAC ∽ △EDB

（例3）

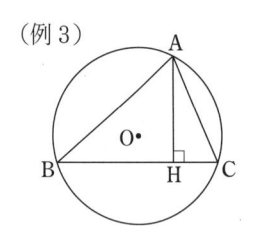

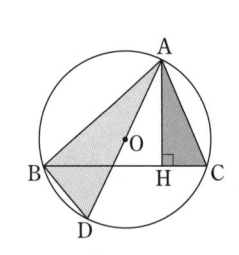

△ABD ∽ △AHC
（外接円の半径を求める応用型 6-03（p.35））

▱ 上の［例1］，［例2］は，定理 05-1 方べきの定理（p.88）で形を変えて再登場．
答案に「考え方」，「根拠」を書く場合….
（その1）
　∠___ = ∠___ 　…①
　∠___ = ∠___ 　…②
　①，②より，2角が等しいから，△___ ∽ △___
　∴ ア : イ = ウ : エ 　…
（その2）
　方べきの定理より，ア × エ = イ × ウ 　…

どちらでもよい．

ほ，方べきの定理…恐るべし！

▶応用テーマ 3
6-04 円がつくる相似形 応用タイプ

(例1)

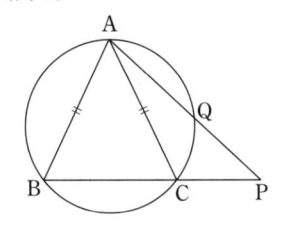

(△ABC…二等辺三角形)

➡ $AB^2 = AP \cdot AQ$

[理由] (∠A 共通)

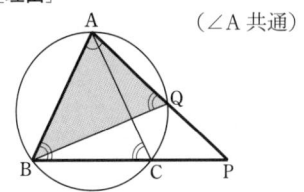

△ABP∽△AQB より
AB : AP = AQ : AB

□補助線 CQ を引き，
△AQC∽△ACP でも OK．

(例2)

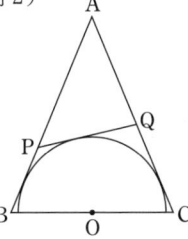

(△ABC…二等辺三角形)

➡ $OB^2 = BP \cdot CQ$

[理由]

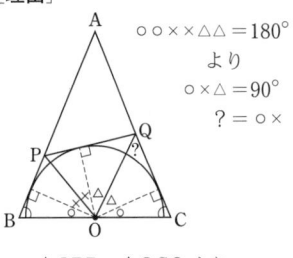

○○××△△ = 180°
より
○×△ = 90°
? = ○×

△OBP∽△QCO より
OB : BP = QC : CO
       ‖
       OB

【例1】

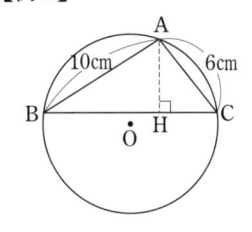

AH = □ cm

(円の半径 = 6cm)

解説

△ACH∽△ADB
$h : 6 = 10 : 12$ より
$h = 5$

【例2】

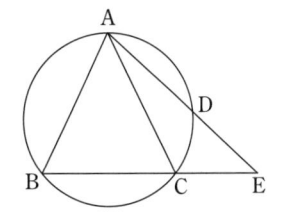

AE = □ cm

(AB = AC = 6cm, AD : DE = 3 : 2)

解説

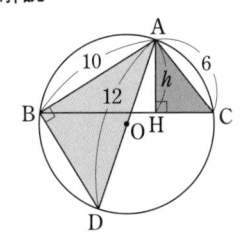

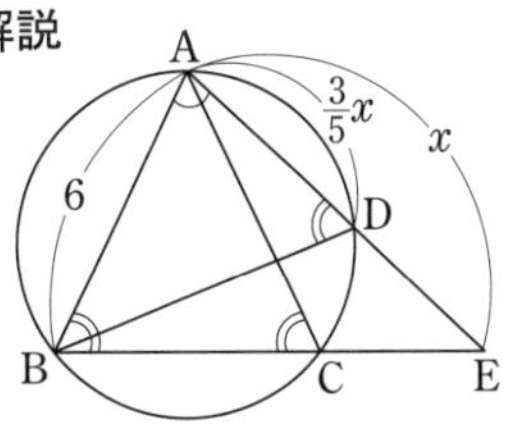

AE = x (>0) とすると
AD = $\frac{3}{5}x$

△AEB∽△ABD より，AE : AB = AB : AD

∴ $x : 6 = 6 : \frac{3}{5}x$ $\frac{3}{5}x^2 = 36$

∴ $x = 2\sqrt{15}$

▷基本性質 4

6-06-1 2本の接線がつくる関係 —— 内接円タイプ ——

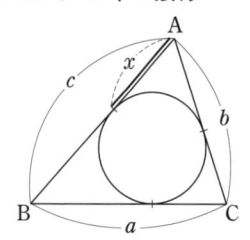

$$x = \frac{b+c-a}{2}$$

[理由]

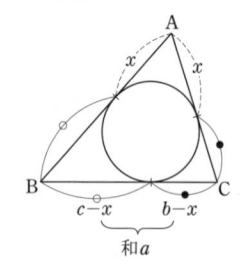

$b-x+c-x=a$ より
$2x = b+c-a$
∴ $x = \dfrac{b+c-a}{2}$

(和 a)

6-06-2 2本の接線がつくる関係 —— 傍接円タイプ ——

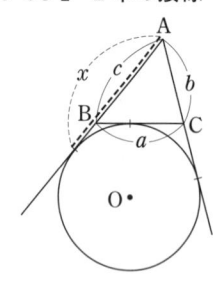

$$x = \frac{a+b+c}{2}$$

[理由]

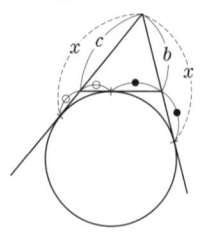

$\begin{aligned} x &= c + \circ \\ +\ x &= b + \bullet \\ \hline 2x &= b+c+\underbrace{\circ + \bullet}_{=\,a} \end{aligned}$

∴ $x = \dfrac{a+b+c}{2}$

⎡図のような円Oを…
「∠A 内の
　傍接円」という⎤

☞というわけで，
△ABC の傍接円は
∠A 内の…
∠B 内の…　と3つある．
∠C 内の…

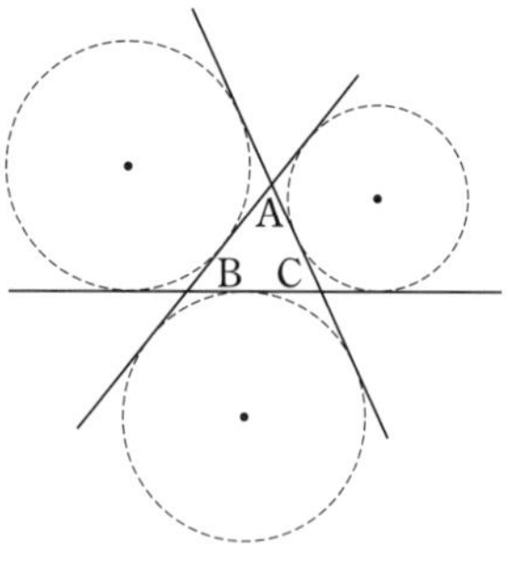

6-06-3 2本の接線がつくる関係 —— 内接円＆傍接円タイプ ——

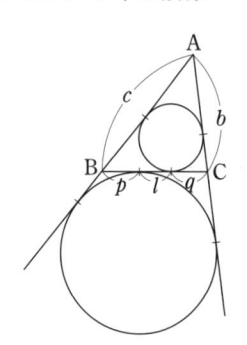

$$p = q$$

$$l = c - b$$

[理由]

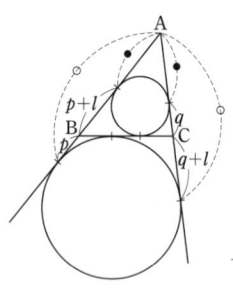

$2p + l = 2q + l$
より，$p = q$

$\begin{aligned} AB &= \bullet + p + l \\ -)\ AC &= \bullet + q \\ \hline c - b &= \quad l \end{aligned}$

$\begin{pmatrix} p=q \\ \text{だから} \end{pmatrix}$

▶応用テーマ 4

6-05 傍接円の半径

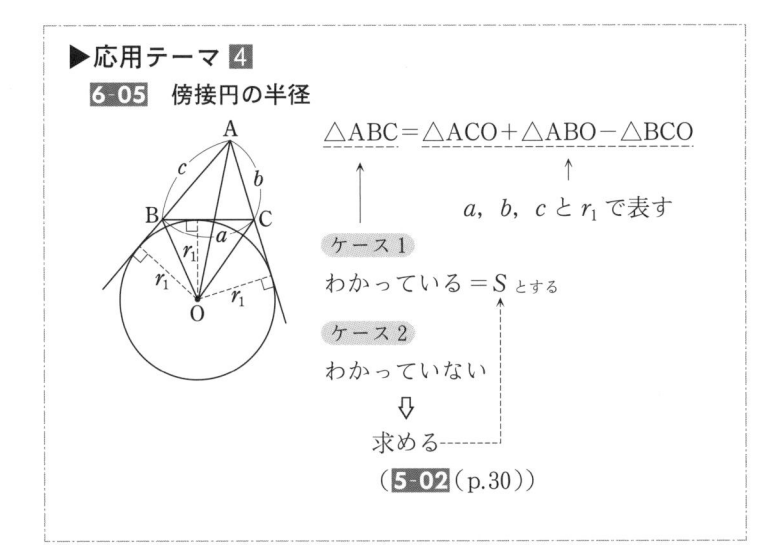

$\triangle ABC = \triangle ACO + \triangle ABO - \triangle BCO$

↑ a, b, c と r_1 で表す

ケース1 わかっている $= S$ とする

ケース2 わかっていない ⇒ 求める

(5-02 (p.30))

◀ ∠A 内の傍接円の半径は…

$$S = \frac{b \times r_1}{2} + \frac{c \times r_1}{2} - \frac{a \times r_1}{2}$$

より

$$r_1 = \frac{2S}{b+c-a}$$

◻同様にして,

$$r_2 = \frac{2S}{c+a-b} \quad (\angle B \text{ 内})$$

$$r_3 = \frac{2S}{a+b-c} \quad (\angle C \text{ 内})$$

大事なので,内接円・外接円に傍接円を加えて,もう一度整理すると….

三角形の **3辺** から
⇓
高さ へ

Step 1
$c^2 - (a-x)^2 = b^2 - x^2$ より
$x = \square$

Step 2 5-02 (p.30)
$h = \sqrt{b^2 - \square^2}$

⇩ 相似で
外接円の半径
$\triangle \backsim \triangle$

⇩ 面積で その1
内接円の半径
$\triangle ABC = \triangle + \triangle + \triangle$

⇩ 面積で その2
傍接円の半径
$\triangle ABC = \triangle + \triangle - \triangle$

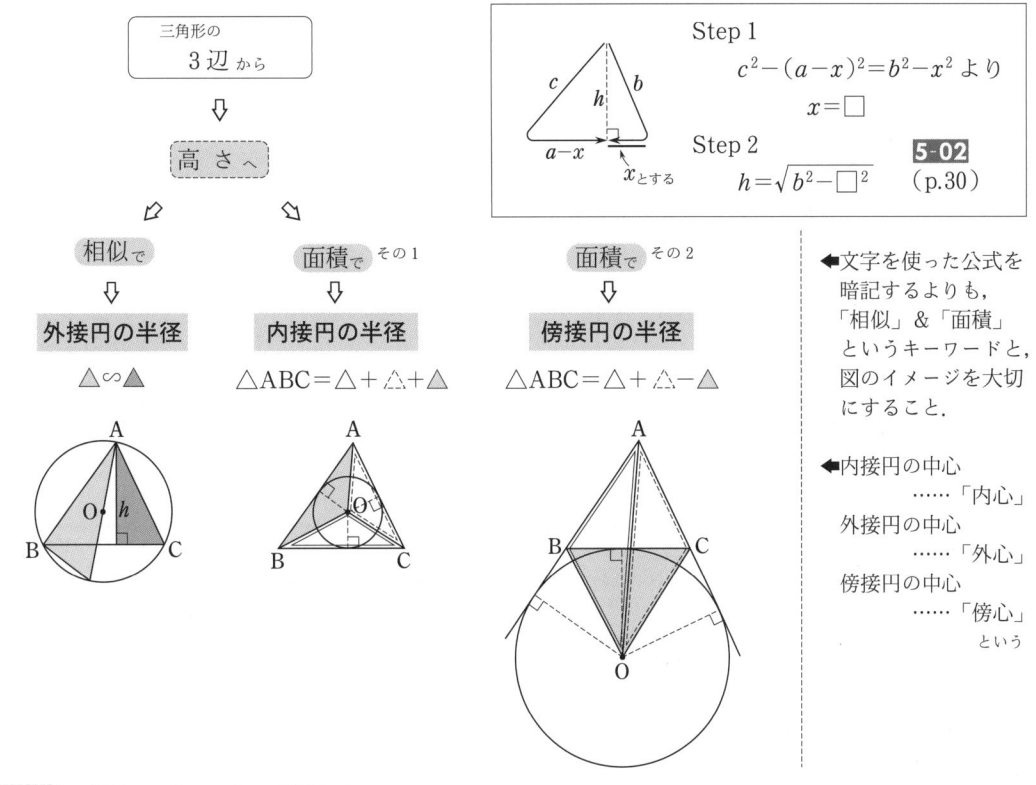

◀文字を使った公式を暗記するよりも,「相似」&「面積」というキーワードと,図のイメージを大切にすること.

◀内接円の中心
……「内心」
外接円の中心
……「外心」
傍接円の中心
……「傍心」
という

(Memo) 英語で,次のように表現する.
内接円 inscribed circle (incircle)
外接円 circumscribed circle
傍接円 escribed circle (excircle)

英語では,内(in-)と傍(ex-)と外(circum-)となっていて,日本語とは雰囲気が違う.

❖ 2つの円

▷ **基本性質** 5

6-07　2円の位置関係：中心間の距離

―― 小円 O_1 の半径 r，大円 O_2 の半径 R，中心間の距離 d ――

① 　　　　　　② 〈接する〉　　　　③ 〈交わる〉

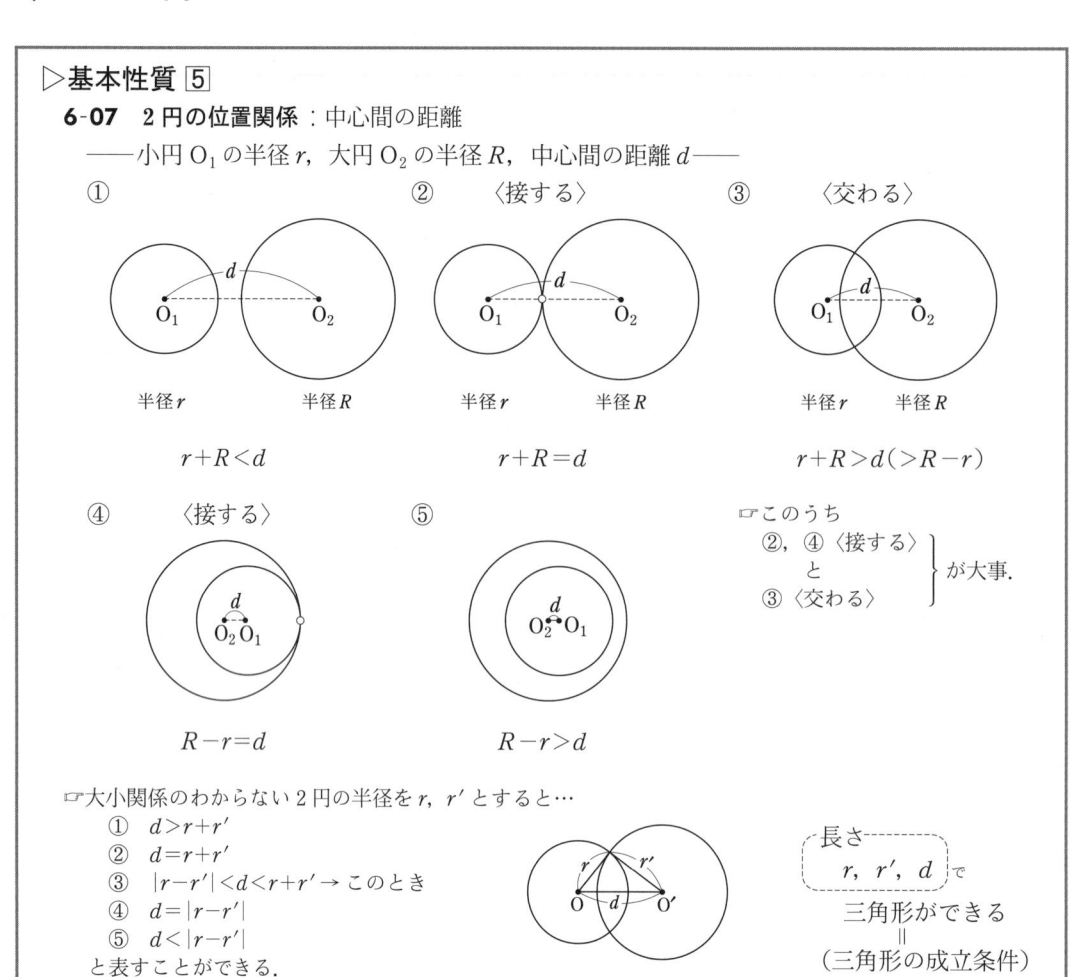

半径 r　半径 R　　半径 r　半径 R　　半径 r　半径 R

$r+R<d$ 　　　　 $r+R=d$ 　　　　 $r+R>d\,(>R-r)$

④ 〈接する〉　　　　⑤

$R-r=d$ 　　　　 $R-r>d$

☞ このうち
　②，④〈接する〉
　　　と　　　　　　｝が大事．
　③〈交わる〉

☞ 大小関係のわからない2円の半径を $r,\,r'$ とすると…
　① $d>r+r'$
　② $d=r+r'$
　③ $|r-r'|<d<r+r'$ → このとき
　④ $d=|r-r'|$
　⑤ $d<|r-r'|$
　と表すことができる．

長さ $r,\,r',\,d$ で
三角形ができる
$=$
（三角形の成立条件）

Memo　・$r \leftarrow$ radius　半径
　　　　　・$d \leftarrow$ distance　距離

［中心間の距離 d は
　　半径の㊰より大きく半径の㊌より小さい］

☞ 上の②は，2円の接点（図の○）と2円の中心 O_1，O_2 が直線上にない
　と意味がない．これについては，**6-10**（p.44）参照．

☞ 2円が交わる（③）場合….

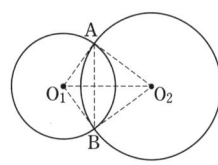

図が直線 O_1O_2 に関して対称である
ことから，
　・$AB \perp O_1O_2$
　・$\triangle AO_1O_2 \equiv \triangle BO_1O_2$
　・たこ形 $AO_1BO_2 = AB \times O_1O_2 \times \dfrac{1}{2}$

などの性質が確認できる．

▷基本性質 6

6-08 2円の関係 その1：離れている2円

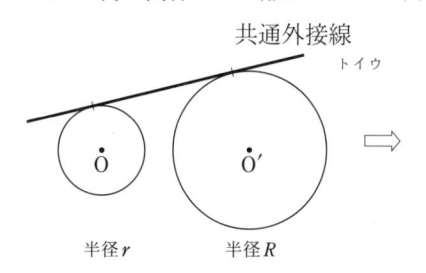

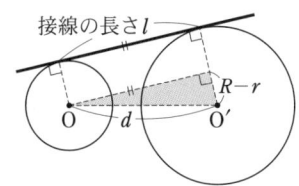

共通外接線

半径 r 半径 R

接線の長さ l

〈接点と中心〉を結ぶ
──ことから
すべてが始まる

$l^2+(R-r)^2=d^2$ →$d=\sqrt{l^2+(R-r)^2}$
→$l=\sqrt{d^2-(R-r)^2}$

共通内接線

半径 r 半径 R

接線の長さ l

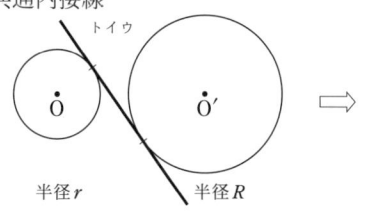

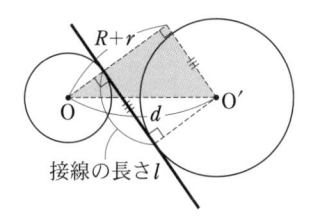

☞図のような〈接点間の距離〉のことを「接線の長さ」という．

$l^2+(R+r)^2=d^2$ →$d=\sqrt{l^2+(R+r)^2}$
→$l=\sqrt{d^2-(R+r)^2}$

6-09 2円の関係 その2：交わる2円

○テーマ[Ⅰ]

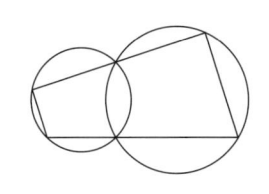

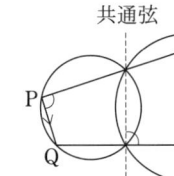

共通弦

(PQ // RS)

○テーマ[Ⅱ]

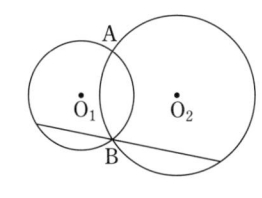

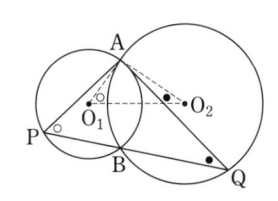

($\triangle APQ \backsim \triangle AO_1O_2$)

△APQ は…
AP が直径
(AQ が直径) のとき最大
PQ // O_1O_2

対称

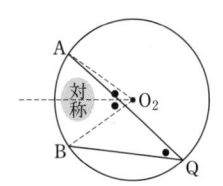

○ テーマ［Ⅲ］

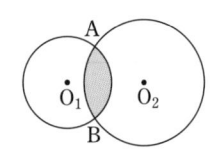

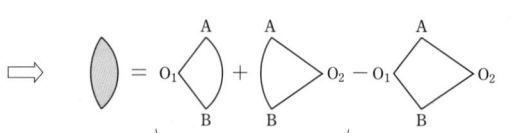

重なる部分の
ワンパターン問題

おうぎ形の面積
＝
中心角 が必要

その1）与えられている
その2）与えられていない
　　　↓
　　わかる！

☞ 高校入試では…
　角度がわかるのは
　三角定規形のみ．

$1:2:\sqrt{3}$ より $30°$，$60°$
$1:1:\sqrt{2}$ より $45°$ など

【例1】

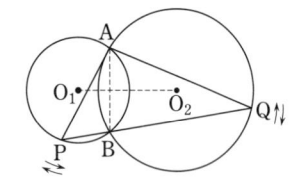

$\begin{pmatrix} AB=5 \\ O_1O_2=6 \end{pmatrix}$

△APQ の面積の最大値 = □

解説

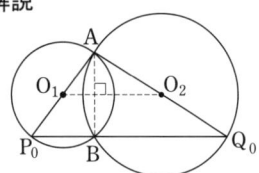

△AP_0Q_0 = △AO_1O_2 × 4
　　　　 = $6 \times \dfrac{5}{2} \times \dfrac{1}{2} \times 4 = 30$

【例2】

$\begin{pmatrix} 円 A の半径 4\sqrt{3} \\ 円 B の半径 4 \end{pmatrix}$

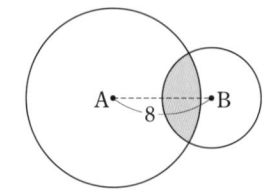

網目部分の面積 = □

解説

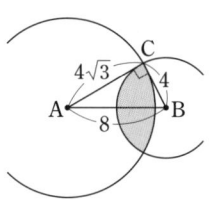

△ABC は $\angle C = 90°$，
$\angle A = 30°$，
$\angle B = 60°$
の三角定規形．

$(4\sqrt{3})^2 \pi \times \dfrac{60}{360} + 4^2 \pi \times \dfrac{120}{360} - 4\sqrt{3} \times 4$

$= \dfrac{40}{3}\pi - 16\sqrt{3}$

▷ 基本性質 ⑦

6-10 2円の関係 その3：接する2円

タイプ1）

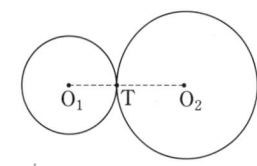

中心　中心　接点
O_1，O_2，T …一直線上 にある

☞ 誰も疑わず，また，当然
そういうものとして計算
することになるこの性質
について，理由を説明せ
よ，と問われたら…．

タイプ2)

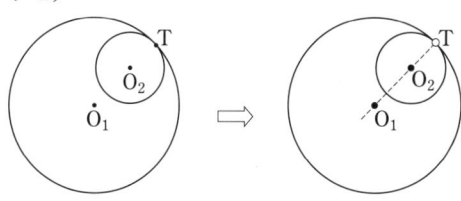

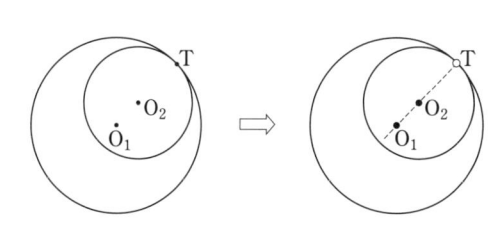

(理由その1)
円は中心線に対して対称だから．

(理由その2)
O_1, O_2 ともに，Tにおける l の垂線1本しかないの上にあるから．

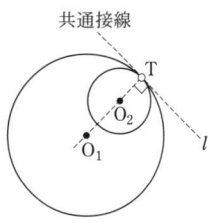

共通接線

中心 中心 接点
O_1, O_2, T は一直線上にある

――決定的な補助線――

(例1)

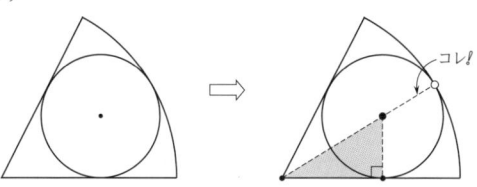

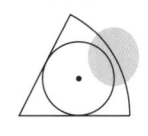

☞ ○(接点)をおさえないと…
「離れていても解ける」となってしまう．

(例2)

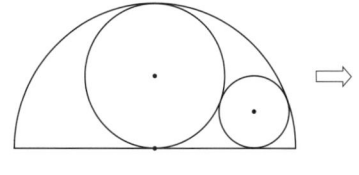

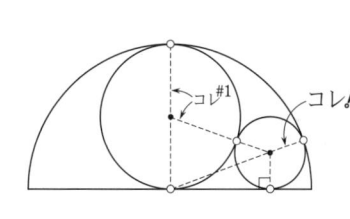

#1…誰でも引く
#2…わかっていないと引けない

▶応用テーマ 5

6-06

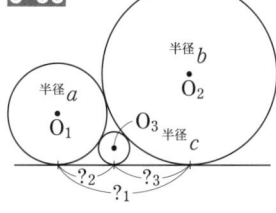

半径 a　O_1
半径 b　O_2
O_3 半径 c

$?_1 = 2\sqrt{ab}$　ア
$?_2 = 2\sqrt{ac}$　イ
$?_3 = 2\sqrt{bc}$　ウ

ウ + イ = ア を $\sqrt{abc}$ ($\neq 0$) でわると

$$\frac{1}{\sqrt{a}} + \frac{1}{\sqrt{b}} = \frac{1}{\sqrt{c}}$$ (トナル)

(理由)

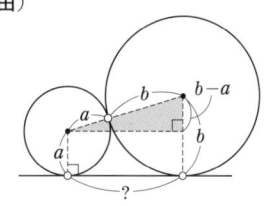

$? = \sqrt{(a+b)^2 - (b-a)^2}$
$= \sqrt{4ab}$
$= 2\sqrt{ab}$

(他2つも同様)

[7] 立体

立体図形がもつ性質は実に豊富で，その扱いには独特な感覚が必要です．角ばった立体である立方体・直方体，角すい，正多面体などの性質，また丸い立体である円柱・円すい，球などの性質，さらには，立方体と球の関係，正四面体と球の関係など，学ぶべきこと，知っておくべきことが数多くあります．

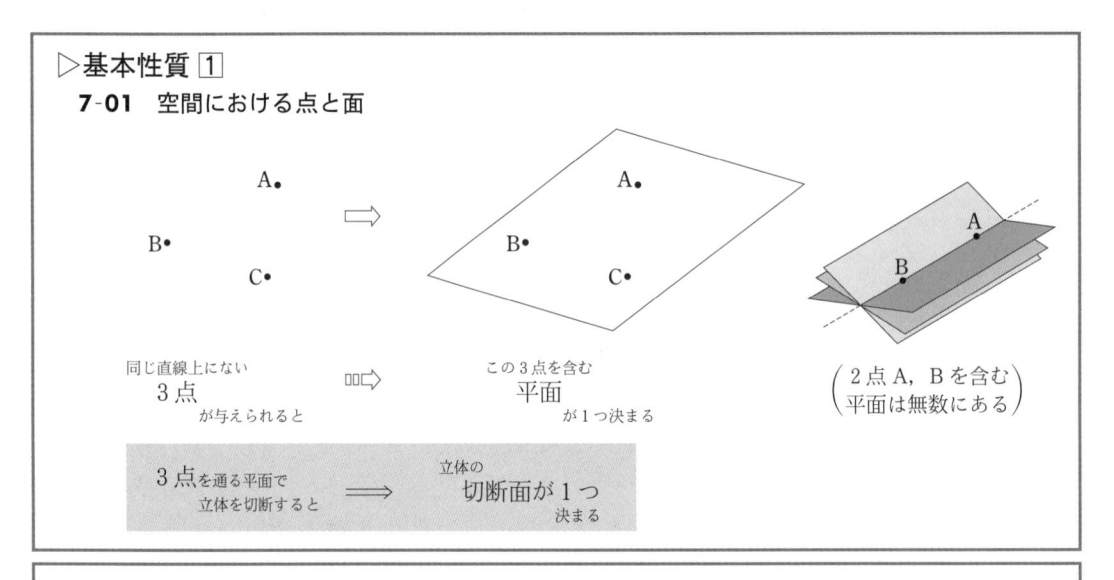

（立体のページ…32ページ…もあるゾ!!）

❖ 点・線・面の位置関係

▷ 基本性質 ①

7-01 空間における点と面

同じ直線上にない **3点** が与えられると ⟹ この3点を含む **平面** が1つ決まる

（2点A, Bを含む平面は無数にある）

3点 を通る平面で立体を切断すると ⟹ 立体の **切断面が1つ** 決まる

▷ 基本性質 ②

7-02-1 位置関係Ⅰ ── 2直線の位置関係

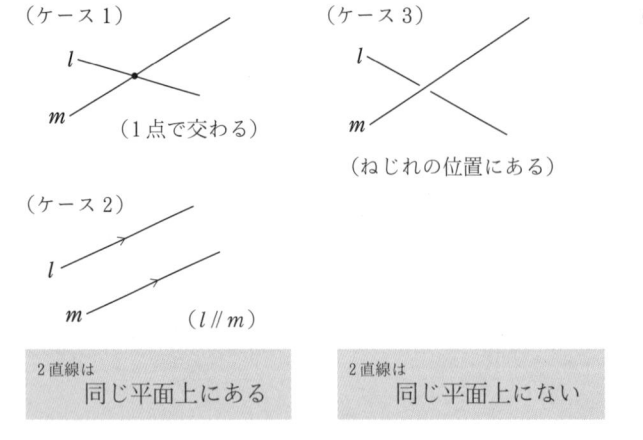

（ケース1）（1点で交わる）

（ケース2）（$l \mathbin{/\mkern-3mu/} m$）

2直線は **同じ平面上にある**

（ケース3）（ねじれの位置にある）

2直線は **同じ平面上にない**

（例）

ABと…
- 1点で交わる AD, AE, BC, BF
- 平行 DC, EF, HG
- ねじれの位置にある CG, DH, EH, FG

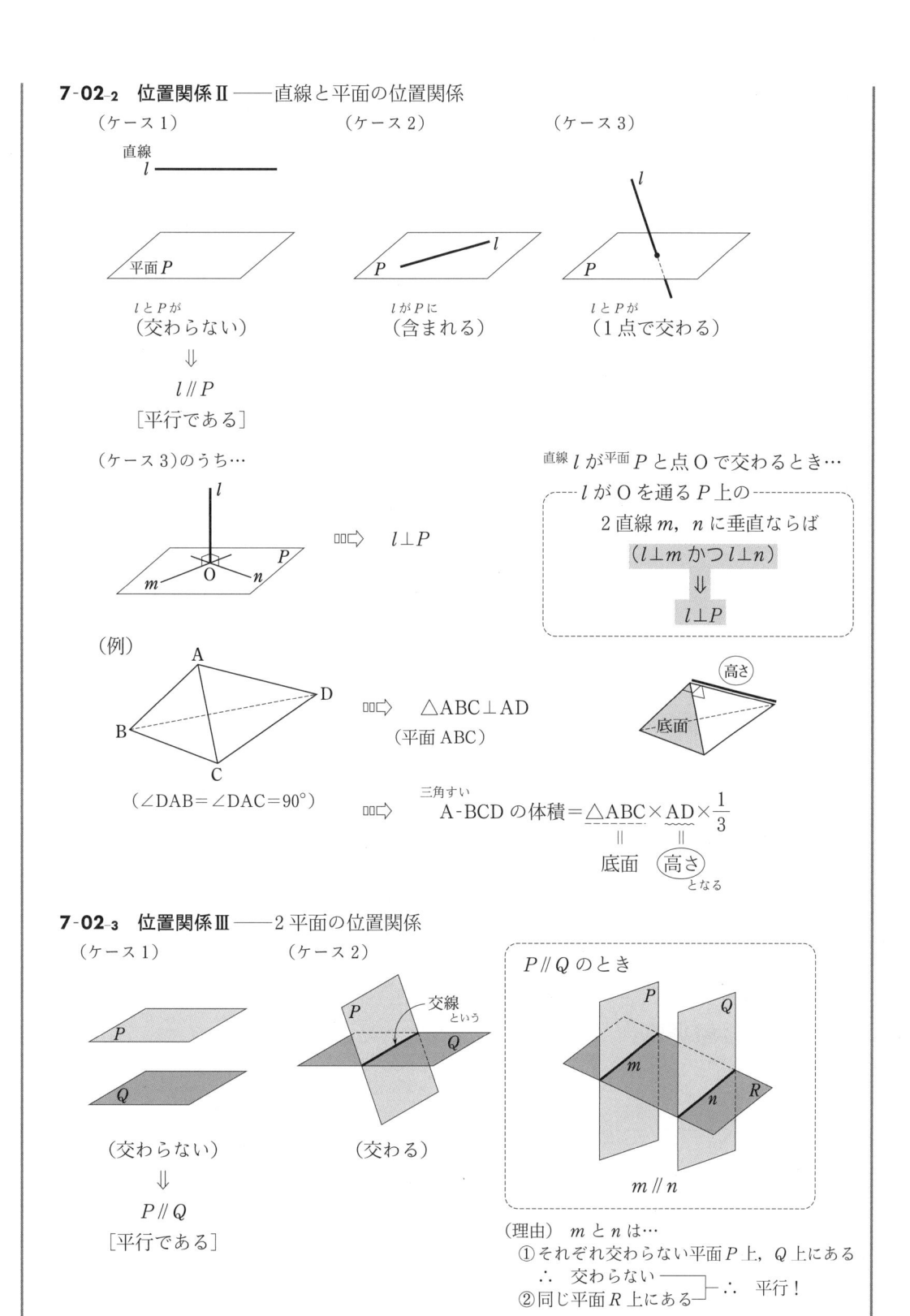

7-02-2 位置関係Ⅱ——直線と平面の位置関係

(ケース1)   (ケース2)   (ケース3)

直線 l

平面 P

l と P が
(交わらない)
$\Downarrow$
$l /\!/ P$
[平行である]

l が P に
(含まれる)

l と P が
(1点で交わる)

(ケース3)のうち…

$\Longrightarrow$ $l \perp P$

直線 l が平面 P と点 O で交わるとき…

  l が O を通る P 上の
  2 直線 m, n に垂直ならば
  ($l \perp m$ かつ $l \perp n$)
  $\Downarrow$
  $l \perp P$

(例)

$\Longrightarrow$ $\triangle ABC \perp AD$
   (平面 ABC)

(∠DAB = ∠DAC = 90°)

高さ
底面

$\Longrightarrow$ 三角すい A-BCD の体積 = $\underline{\triangle ABC} \times \underline{AD} \times \dfrac{1}{3}$
        底面   高さ
           となる

7-02-3 位置関係Ⅲ——2平面の位置関係

(ケース1)   (ケース2)

交線
という

(交わらない)
$\Downarrow$
$P /\!/ Q$
[平行である]

(交わる)

$P /\!/ Q$ のとき

$m /\!/ n$

(理由) m と n は…
 ①それぞれ交わらない平面 P 上, Q 上にある
  ∴ 交わらない ——┐
 ②同じ平面 R 上にある ——┴ ∴ 平行!

▷**基本性質 3**

7-03-1 平面と平面の距離

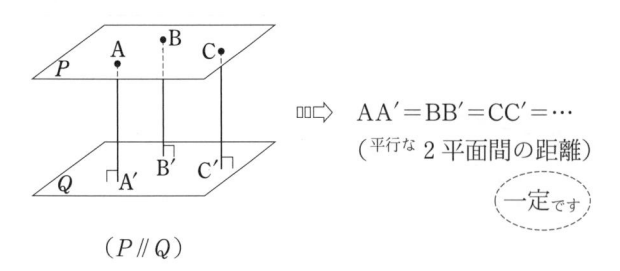

$AA' = BB' = CC' = \cdots$
（平行な 2 平面間の距離）
一定です

（$P \parallel Q$）

☞ P と Q が平行でない場合には 2 つの面が交わってしまうので「距離」を考える意味はない．

7-03-2 点と平面の距離

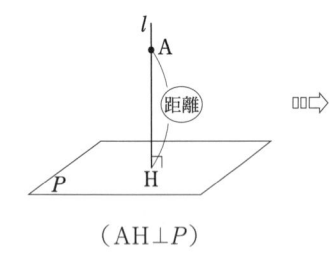

AH の長さ を 点 A と平面 P の「距離」という

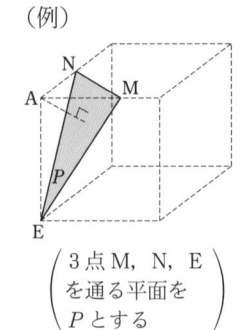

（AH⊥P）

（例）

点 A と平面 P の距離
＝
点 A から △MNE におろした垂線の長さ
（ということになる）

$\begin{pmatrix} 3 \text{点 M, N, E} \\ \text{を通る平面を} \\ P \text{とする} \end{pmatrix}$

7-03-3 点と直線の距離

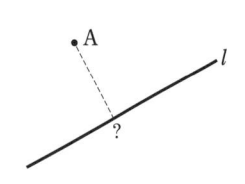

（例）

点 B と AG の距離＝BH

[BH は…
  平面 ABG 上にある]

7-03-4 点と点の距離

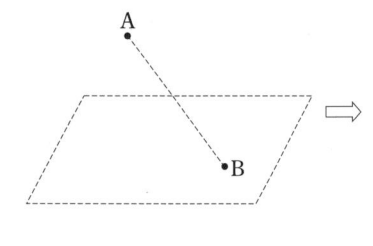

AH … B を含む平面 P へ A からおろした垂線　→　AH⊥BH

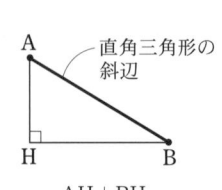

直角三角形の斜辺

▶応用テーマ ①
7-01 2平面のなす角

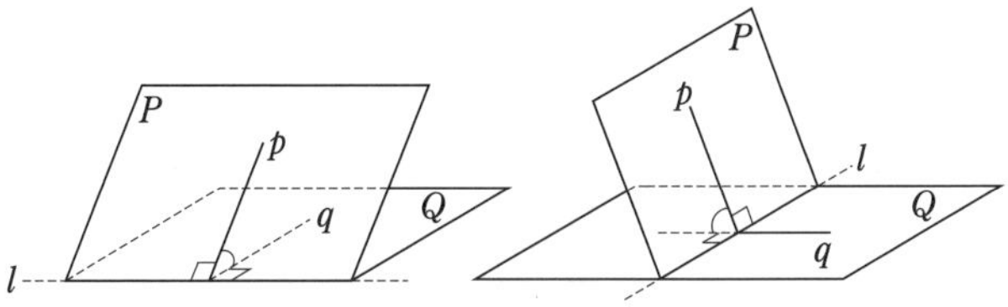

(例)

$$\begin{pmatrix} l \cdots 交線 \\ p \cdots 平面 P 上の直線 \\ q \cdots 平面 Q 上の直線 \end{pmatrix}$$

➡ l に垂直な
交わる2直線 p, q がつくる角 = P と Q のなす角

側面
…二等辺三角形

底面
…正三角形

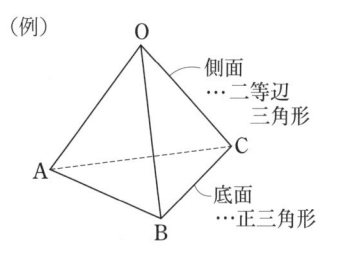

平面 OAB と OBC の
なす角とは…
= ∠APC

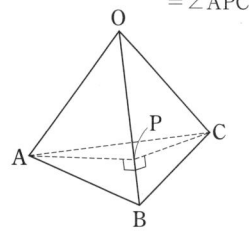

☞ この「2平面のなす角」が一番急な斜面をつくる.

▶基本性質 ④
7-04 直方体・立方体の対角線

[直方体]

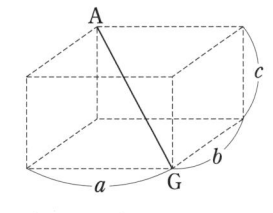

対角線 ➡ $AG = \sqrt{a^2 + b^2 + c^2}$

(3辺の長さ a, b, c の直方体)

(理由)

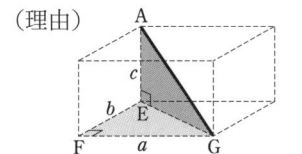

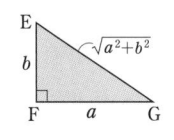

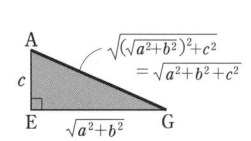

$\sqrt{a^2+b^2}$

$\sqrt{(\sqrt{a^2+b^2})^2 + c^2}$
$= \sqrt{a^2+b^2+c^2}$

[立方体]

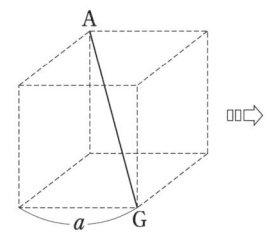

対角線 ➡ $AG = \sqrt{3}\,a$

(1辺の長さ a の立方体)

(理由 その1)

$a = b = c$ より
$AG = \sqrt{a^2 + a^2 + a^2}$
$= \sqrt{3a^2}$
$= \sqrt{3}\,a$

☞ $1 : \sqrt{2} : \sqrt{3}$ の
直角三角形.
5-04-3 (p.31)

(理由 その2)

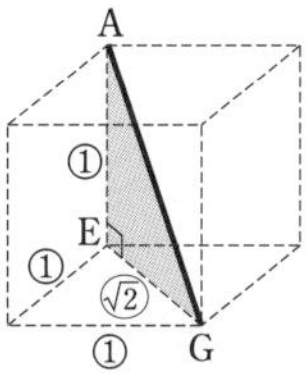

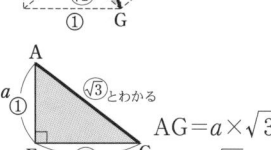

$\sqrt{3}$ とわかる

$AG = a \times \sqrt{3}$
$= \sqrt{3}\,a$

☞ 空間内の2点間の距離は
<直角三角形を使って求める>
ということになる.

❖ 角柱の切断

▷ 基本性質 5

7-05 直方体の切断 その1——切断面

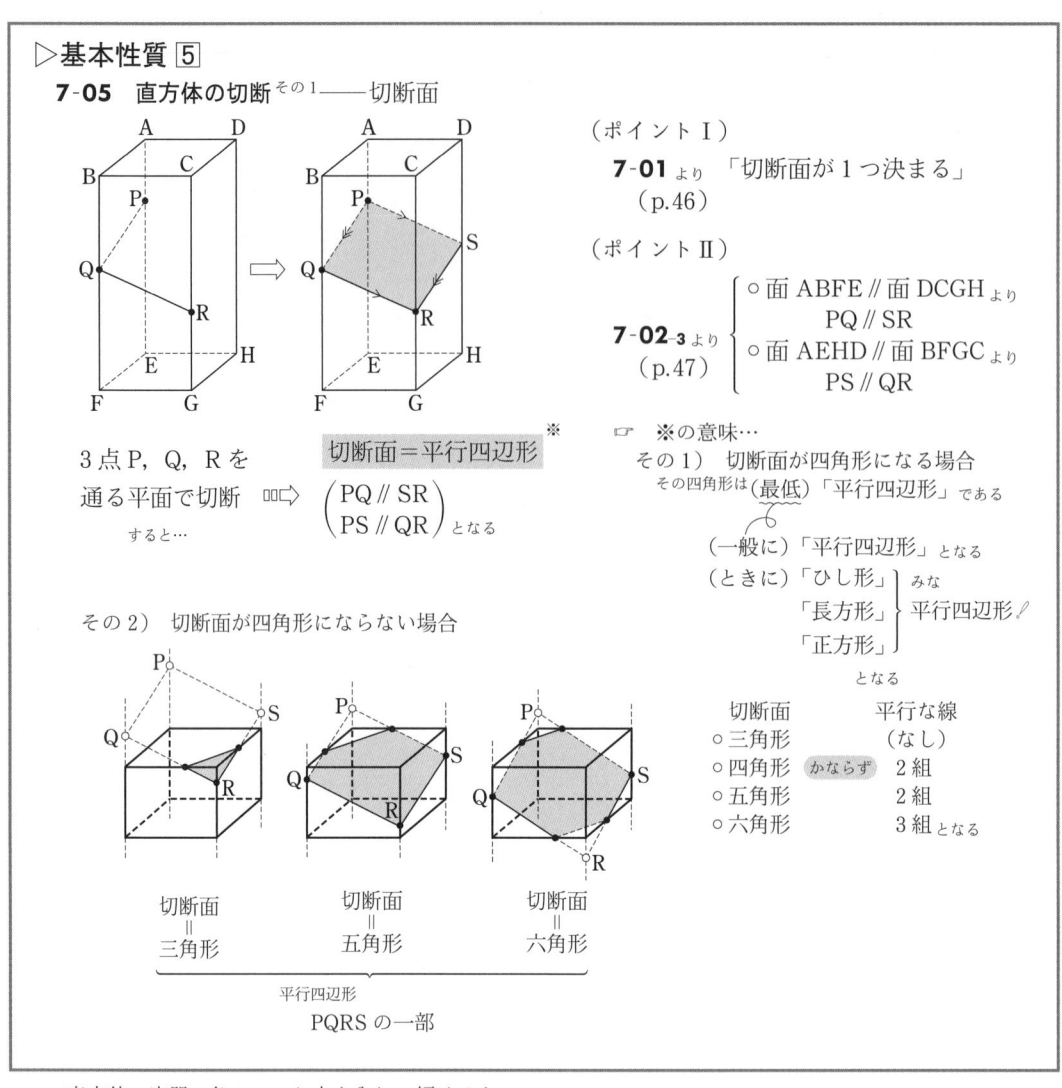

3点 P, Q, R を通る平面で切断すると…

切断面＝平行四辺形 ※

$\begin{pmatrix} PQ \mathbin{/\mkern-2mu/} SR \\ PS \mathbin{/\mkern-2mu/} QR \end{pmatrix}$ となる

（ポイントⅠ）
7-01 より 「切断面が1つ決まる」（p.46）

（ポイントⅡ）
7-02-3 より（p.47）
$\begin{cases} \circ \text{面 ABFE} \mathbin{/\mkern-2mu/} \text{面 DCGH より} \\ \quad PQ \mathbin{/\mkern-2mu/} SR \\ \circ \text{面 AEHD} \mathbin{/\mkern-2mu/} \text{面 BFGC より} \\ \quad PS \mathbin{/\mkern-2mu/} QR \end{cases}$

☞ ※の意味…

その1）切断面が四角形になる場合

その四角形は（最低）「平行四辺形」である

（一般に）「平行四辺形」となる
（ときに）「ひし形」
　　　　　「長方形」　みな平行四辺形！
　　　　　「正方形」
となる

切断面	平行な線
○三角形	（なし）
○四角形	かならず 2組
○五角形	2組
○六角形	3組 となる

その2）切断面が四角形にならない場合

切断面＝三角形　　切断面＝五角形　　切断面＝六角形

平行四辺形 PQRS の一部

☞ 直方体の容器に色のついた水を入れて傾けると…

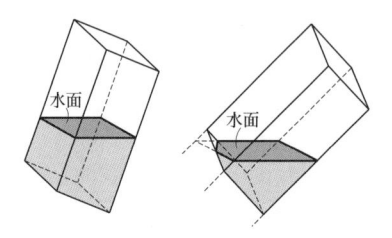

水面の形は，傾ける向きによって変化するが，向かい合った面に水面がつくる線がある場合，その2本線は当然平行である——平行でないとすれば，水面がゆがんでいることになる．

こんな水面じゃ船も沈没？

▷基本性質 6

7-06-1 直方体の切断 その2 ──切断された立体の性質①

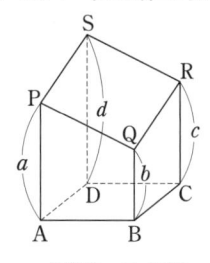

(底面…長方形)
└ 平行四辺形でも同じこと

$$PA+RC=QB+SD$$
$$(a+c=b+d)$$

(理由 その1)

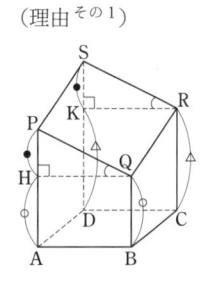

△PQH≡△SRK より
 PH=SK (=● とする)
 PA+RC=○△●
 QB+SD=○△●
 ∴ PA+RC=QB+SD

(理由 その2)

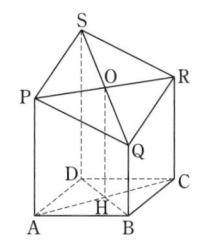

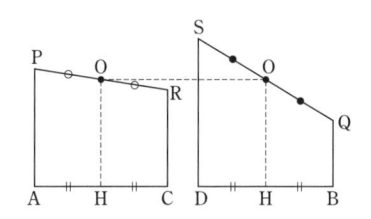

$\dfrac{PA+RC}{2}=OH$

$\dfrac{QB+SD}{2}=OH$

∴ PA+RC=QB+SD

□ どちらも〈切断面が平行四辺形〉であることが決め手となる.
  ○ 理由 その1 ← PQ∥SR,PQ=SR (より)
  ○ 理由 その2 ← PO=RO,QO=SO (より)

7-06-2 直方体の切断 その3 ──切断された立体の性質②

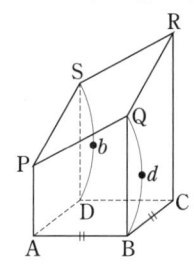

切断面
 PQRS…ひし形 ※
 [面積=PR×QS×$\dfrac{1}{2}$]

(底面…正方形)で
$b=d$ のとき

※[確認]

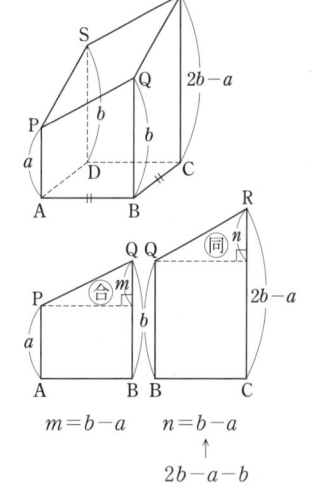

$m=b-a$ $n=b-a$
           ↑
        $2b-a-b$

□ 直方体を切断して $b=d$ となっても
  底面が正方形でない場合は
  切断面 PQRS はひし形には
  ならない.
   $PQ^2=m^2+(b-a)^2$
   $QR^2=n^2+(b-a)^2$ ($m≠n$)
  となる.

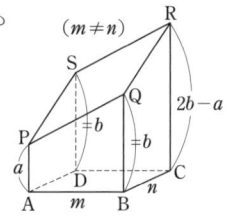

($m≠n$)

51

▶応用テーマ 2

7-02 角柱の切断 ——直方体でない角柱の場合——

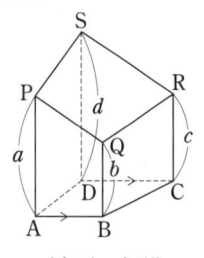

（底面…台形）

要注意！
$$PA + RC \neq QB + SD$$
$$(a + c \neq b + d)$$

（理由）

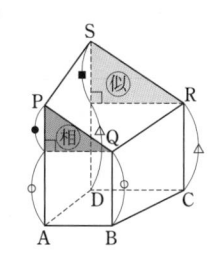

（AB＜CD のとき）
PA＋RC＝○△ ● 小
QB＋SD＝○△ ■ 大 等しくない
（となっている）

【例1】

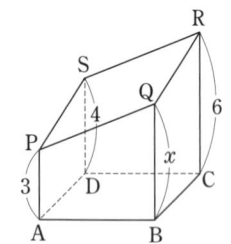

(PA, QB, RC, SD は長方形 ABCD の底面に垂直)

$x =$ □

解説 7-06-1 より

$x + 4 = 3 + 6$ ∴ $x = 5$

【例2】

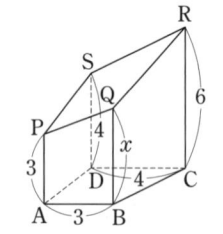

(PA, QB, RC, SD は台形 ABCD の (AB // DC) 底面に垂直)

$x =$ □

解説

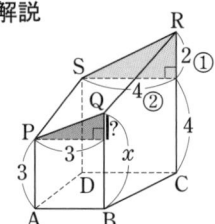

$? = 3 \times \dfrac{1}{2} = \dfrac{3}{2}$

∴ $x = 3 + \dfrac{3}{2} = \dfrac{9}{2}$

▷基本性質 7

7-07 直方体の切断 その4 —— 体積

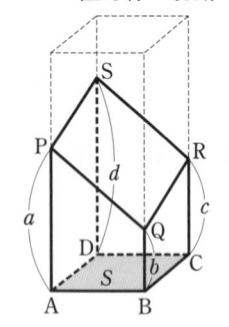

立体 PQRS-ABCD の体積 $= S \times \dfrac{a+c}{2}$ （底面積）

（理由）

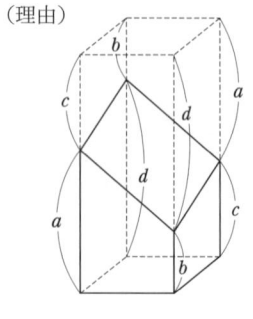

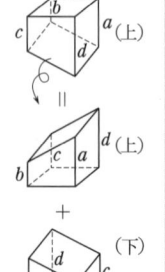

同体積2個分で直方体

7-08 三角柱の切断──体積

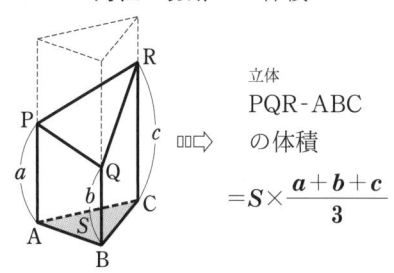

立体 PQR-ABC の体積 $= S \times \dfrac{a+b+c}{3}$

（理由）

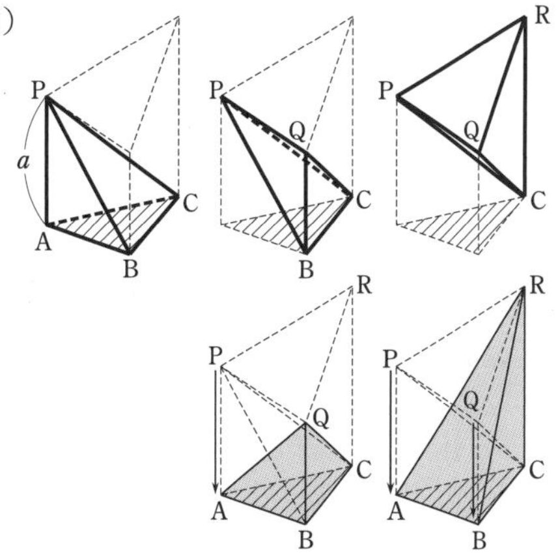

P-ABC + Q-ABC + R-ABC
（P-QBC ＝ P-QCR）
$= S \times a \times \dfrac{1}{3} + S \times b \times \dfrac{1}{3} + S \times c \times \dfrac{1}{3}$

☞ この立体の計算には，2つの前提（高校数学で学ぶ）が必要．
- 前提Ⅰ） 三角すい＝三角柱÷3
- 前提Ⅱ） 底面積と高さが等しい三角すいは，体積が等しい．

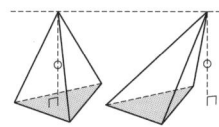

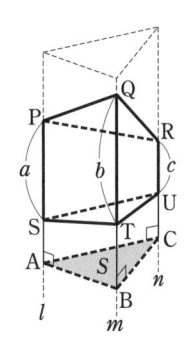

3本の柱 l, m, n に対し，垂直な切断面 ABC の面積を S とすると…

立体 PQR-STU
切断面 $= S \times \dfrac{a+b+c}{3}$

（横にすると…）

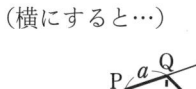

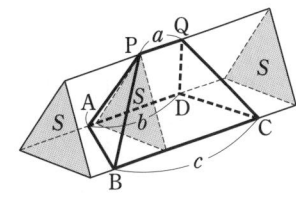

立体 PQ-ABCD
切断面 $= S \times \dfrac{a+b+c}{3}$

☞「断頭三角柱の公式」と呼ばれている．

【例3】

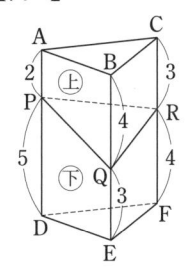

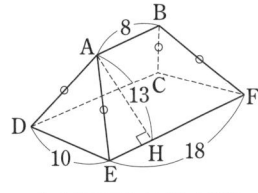

図の立体の
上の部分：下の部分
＝ □ ： □

解説 上：下
＝(2+4+3)：(5+3+4)＝**3：4**

【例4】

立体 AB-CDEF の体積は □

（□CDEF は長方形）

解説

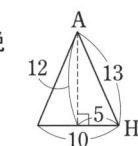

$10 \times 12 \times \dfrac{1}{2} \times \dfrac{8+18 \times 2}{3}$
$= 880$

▷ **基本性質 8**

7-09 立方体の切断 その1 ―― 特別な切断面

① 正方形・長方形・ひし形

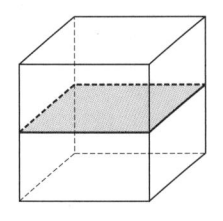

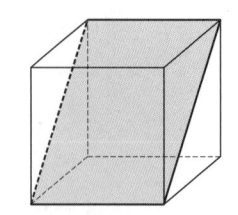

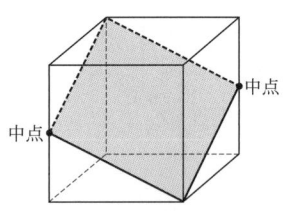

（4辺の長さが等しい）
＝
ひし形

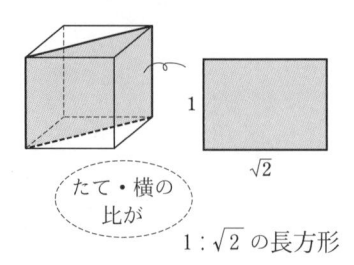

たて・横の比が $1:\sqrt{2}$ の長方形

〈対角線 AG に垂直な平面で切っていくと…〉

正三角形 ――→ ここまで 正三角形

② 正三角形・正六角形

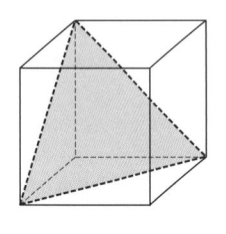

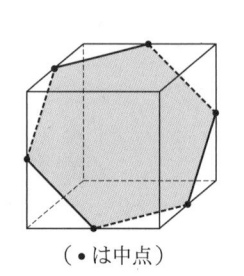

（•は中点）

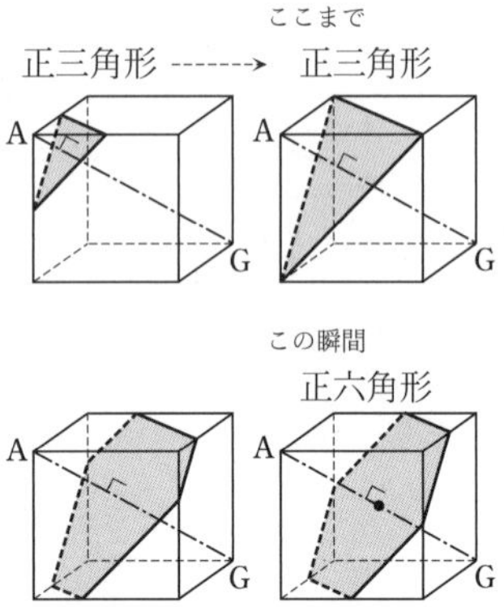

この瞬間 正六角形

（•は中点）

☞ 展開図の中に正三角形や正六角形を含む立体は「立方体を切断したもの（立方体の一部）？」という発想の元になる．

☞ よくある誤り…．　　（誤答例）

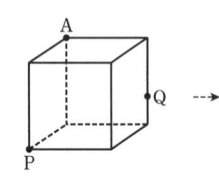

［3点 A, P, Q を通る平面で切ったとき］

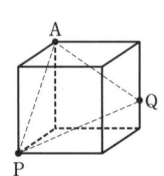

AP … 見える　○
AQ … 見える　○
PQ … 見えない×

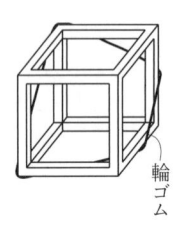

▷ 切断面とは…．
① その面で切って，2つの立体を切り離す．
② 切断面どうしをくっつけてもとにもどす．
③ まわりから見ると，切断したあとが見える．
―― その線がつくる図形を指す ――

切断面の「形」は輪ゴムがつくる形と同じ．輪ゴムは立体の中を通らない．

輪ゴム

切断面は輪ゴムの形と同じかナルホド

▷基本性質 9

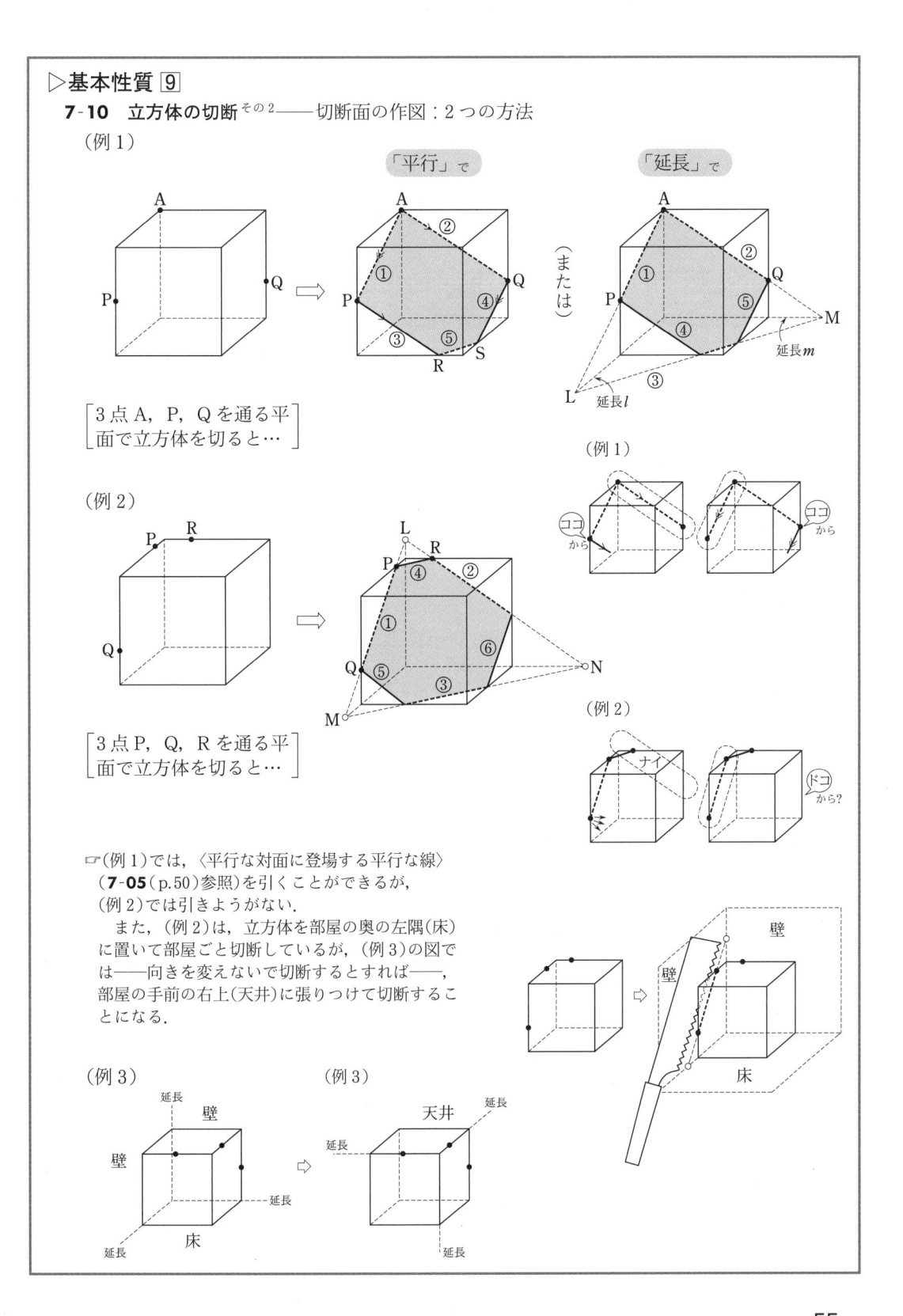

7-10 立方体の切断 その2 ── 切断面の作図：2つの方法

(例1)

「平行」で　　「延長」で

（または）

[3点 A，P，Q を通る平面で立方体を切ると…]

(例2)

[3点 P，Q，R を通る平面で立方体を切ると…]

(例1)

(例2)

☞ (例1)では，〈平行な対面に登場する平行な線〉
(**7-05**(p.50)参照)を引くことができるが，
(例2)では引きようがない．
　また，(例2)は，立方体を部屋の奥の左隅(床)
に置いて部屋ごと切断しているが，(例3)の図で
は──向きを変えないで切断するとすれば──，
部屋の手前の右上(天井)に張りつけて切断するこ
とになる．

(例3)　　(例3)

55

▷基本性質 [10]

7-11 立方体の切断 その3 ——線分比＆体積

○線分比（計算例）

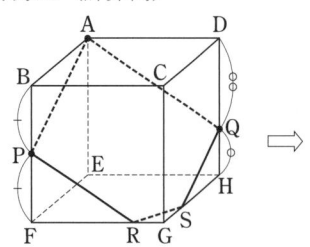

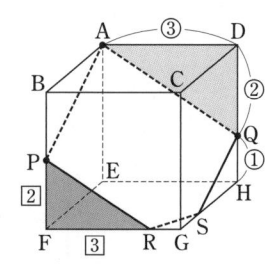

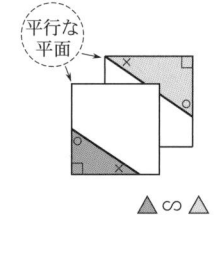

$\begin{bmatrix} BP:PF=1:1 \\ DQ:QH=2:1 \end{bmatrix}$ のとき

FR：RG＝？

△PFR∽△QDA より
　PF：FR＝QD：DA＝2：3
　PF＝[2]（BF＝[4]）とすると
　FR＝[3]（→RG＝[1]）
∴ FR：RG＝3：1

○体積（計算例）

（例1）

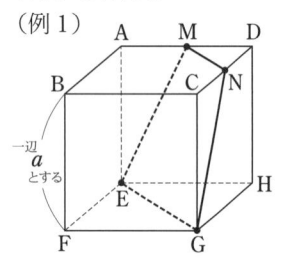

一辺 a とする

（M，N は中点）のとき

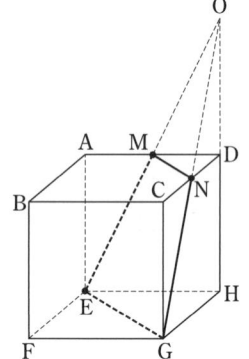

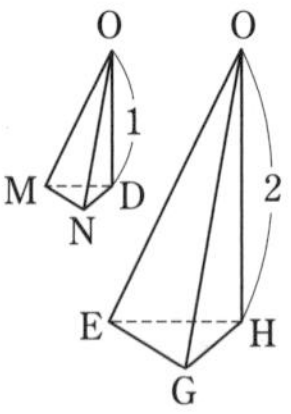

三角すい台
DMN-HEG＝？

$DMN\text{-}HEG = a \times a \times \dfrac{1}{2} \times 2a \times \dfrac{1}{3} \times \dfrac{7}{8} = \dfrac{7}{24}a^3$

　　　　　‖
　　　O-HEG

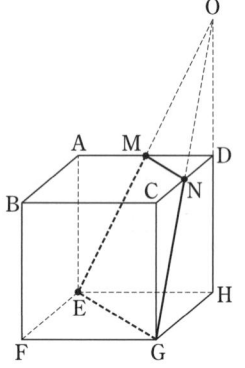

相 1：2
体 $1^3:2^3$
　＝1：8

（例2）

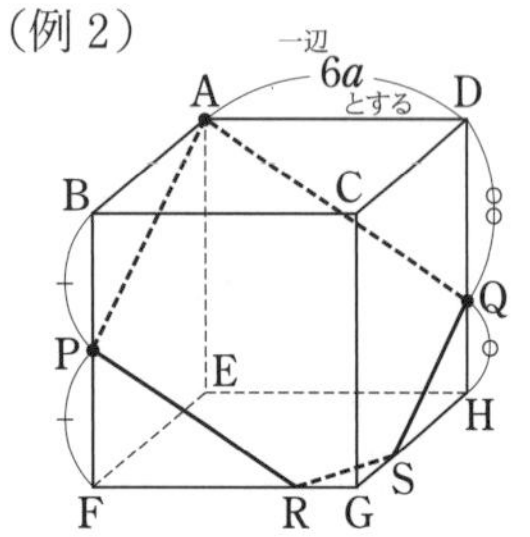

一辺 $6a$ とする

$\begin{pmatrix} BP:PF=1:1 \\ DQ:QH=2:1 \end{pmatrix}$

切断された立体のうちの頂点 E を含む立体 V＝？

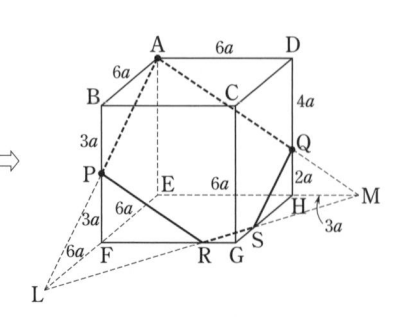

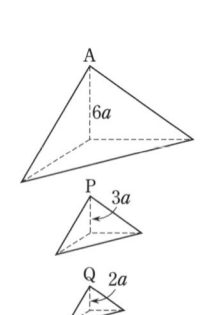

$V = 12a \times 9a \times \dfrac{1}{2} \times 6a \times \dfrac{1}{3}$

$\times \dfrac{6^3-(3^3+2^3)}{6^3} = \dfrac{181}{2}a^3$

相 6：3：2
体 $6^3:3^3:2^3$

☞ 一番小さい三角すいから計算すると…
  SH＝$2a×2=4a$（より）

$$V=4a×3a×\frac{1}{2}×2a×\frac{1}{3}×\frac{6^3-(3^3+2^3)}{2^3}$$

となる．
　また，図のような直方体（点線部分を加えたもの）を考えると，この直方体を二等分した立体から下の方の小さい三角すいを引いた立体（頂点 C を含む立体――V' とする）を計算して，次のように求めることができる．

$$V=立方体-V'$$
$$=(6a)^3-\left\{(6a)^2×7a×\frac{1}{2}-\frac{3}{2}a×2a×\frac{1}{2}×a×\frac{1}{3}\right\}$$

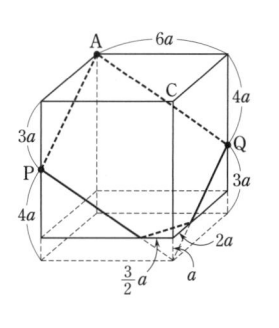

▶応用テーマ 3
7-03　点対称な立体

○立方体

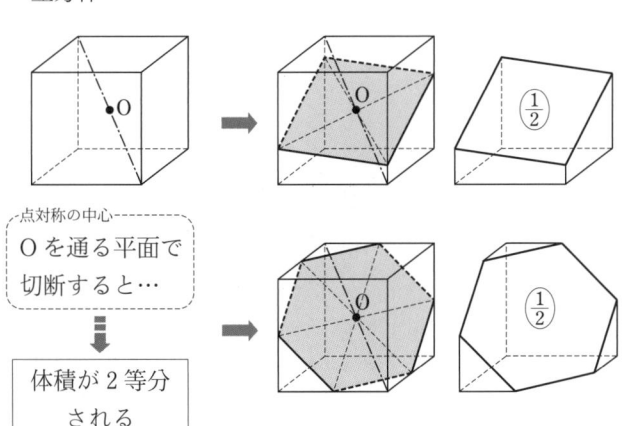

O を通る平面で切断すると…

⇒ 体積が 2 等分される

○直方体

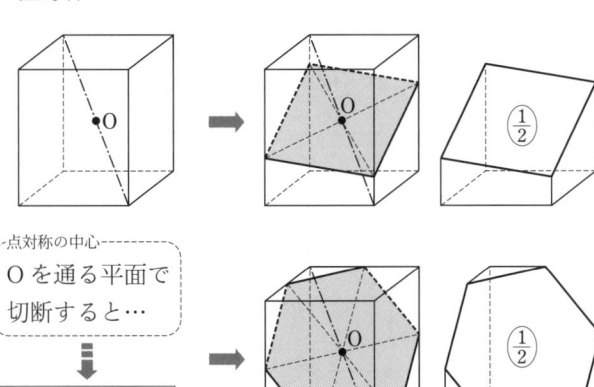

O を通る平面で切断すると…

⇒ 体積が 2 等分される

← 「点対称」な図形では…
　たとえば平行四辺形の場合

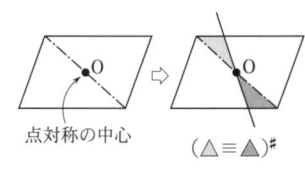

点対称の中心

（△≡▲）♯

対称の中心を通る直線によって面積が二等分される．

　立方体や直方体の場合も同様に，各部分で ♯ と同じことになっていて，対称の中心を通る平面で体積が二等分されることになる．

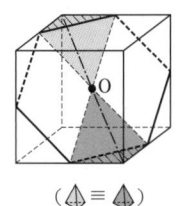

（⬙≡⬘）

立体にも点対称
ツー
発想が役立つとは！

【例1】

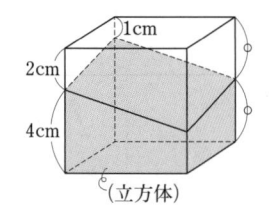

網目の立体の体積＝□
（立方体）

解説

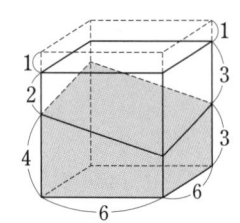

求める立体
$= 6 \times 6 \times 7 \times \dfrac{1}{2}$
$= 126 \ (\text{cm}^3)$

【例2】

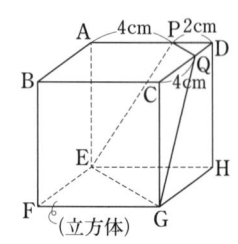

三角すい台 PQD-EGH の体積＝□
（立方体）

解説

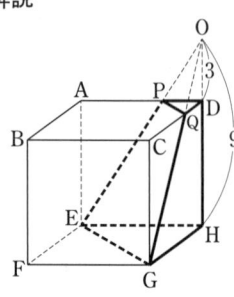

OD＝AE÷2
　＝3（cm）

三角すい O-PQD : O-EGH
相　1 : 3
体　$1^3 : 3^3$
　（1 : 27）

∴ 三角すい台 PQD-EGH
＝ 三角すい O-PQD×26 ＝ $2 \times 2 \times \dfrac{1}{2} \times 3 \times \dfrac{1}{3} \times 26$
＝ **52（cm³）**

□ 体積比を利用する方法として…

（その1）　三角すい台＝大三角すい×$\dfrac{26}{27}$

（その2）　三角すい台＝小三角すい×26

2通り可能

【例3】

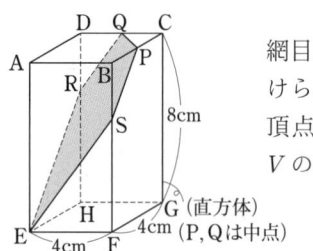

網目の平面で切り分けられた立体のうち頂点 G を含む立体 V の体積＝□
（直方体）（P,Q は中点）

解説

〈その1〉

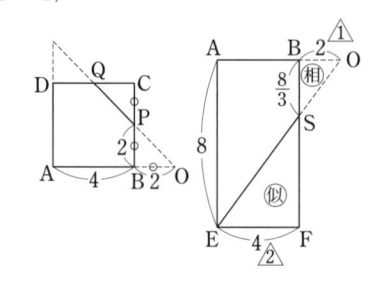

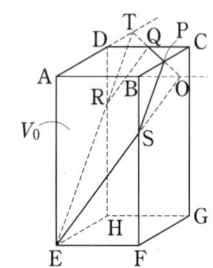

三角すい O-PBS ＝（Q-TDR） と O-TAE と V_0

相　1 : 3
体　$1^3 : 3^3 : 3^3 - 1^3 \times 2$
　　1 : 27 : 25

∴ V_0＝O-PBS×25

∴ $V = 4 \times 4 \times 8 - 2 \times \dfrac{8}{3} \times \dfrac{1}{2} \times 2 \times \dfrac{1}{3} \times 25$

　　$= \dfrac{752}{9} \ (\text{cm}^3)$

〈その2〉

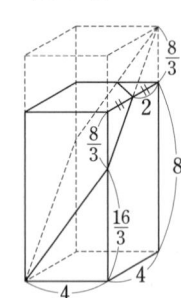

$V = 4 \times 4 \times \left(\dfrac{8}{3} + 8\right) \times \dfrac{1}{2}$
　$- 2 \times 2 \times \dfrac{1}{2} \times \dfrac{8}{3} \times \dfrac{1}{3}$

　$= \dfrac{752}{9} \ (\text{cm}^3)$

❖ 角すいの性質・角すいの切断

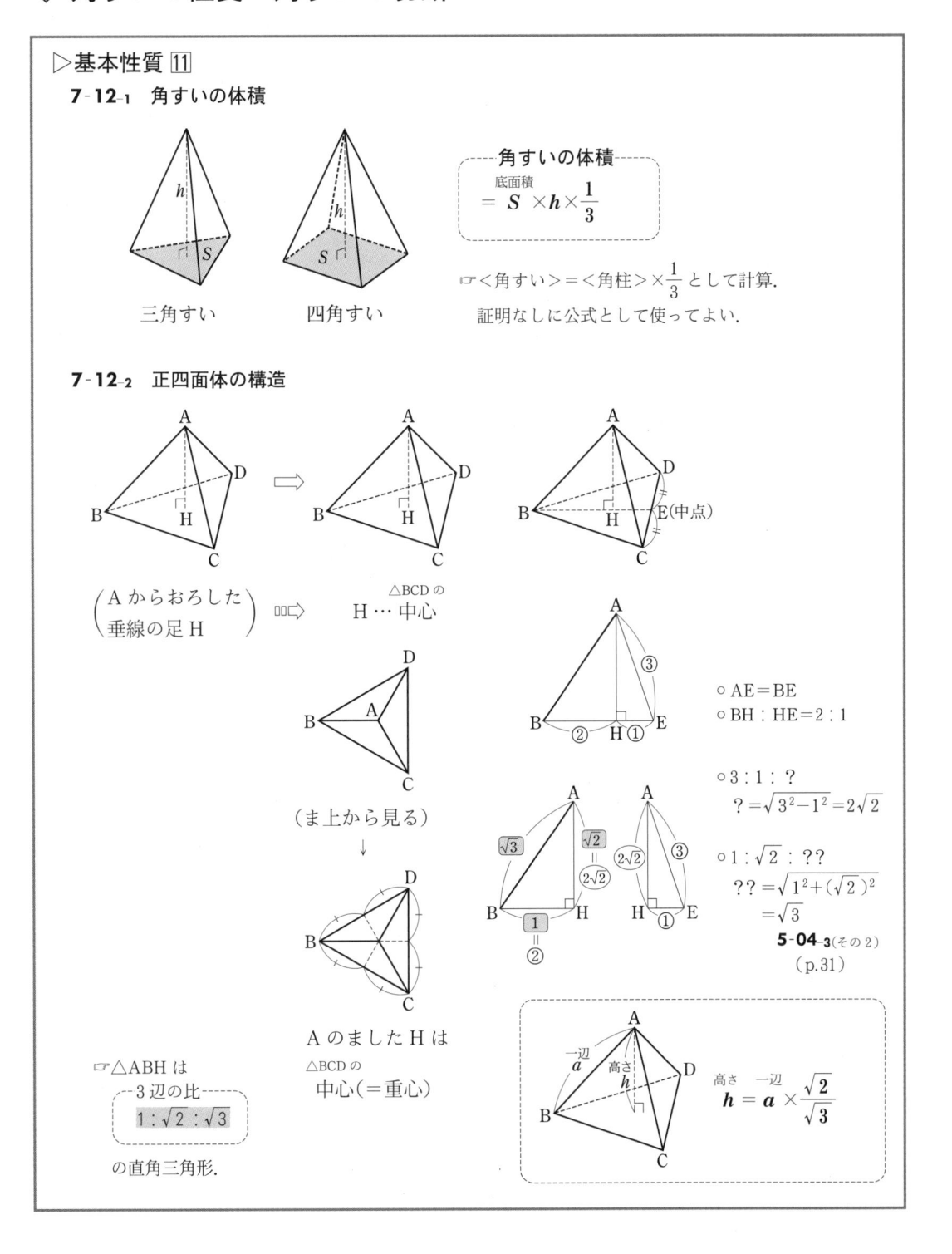

▷ 基本性質 11

7-12-1 角すいの体積

三角すい　　四角すい

―― 角すいの体積 ――
$$= \overset{\text{底面積}}{S} \times h \times \frac{1}{3}$$

☞ ＜角すい＞＝＜角柱＞×$\frac{1}{3}$ として計算．
証明なしに公式として使ってよい．

7-12-2 正四面体の構造

（A からおろした垂線の足 H）⇒ △BCD の H …中心

（ま上から見る）

A のました H は △BCD の 中心（＝重心）

☞ △ABH は
3辺の比
$1 : \sqrt{2} : \sqrt{3}$
の直角三角形．

○ AE＝BE
○ BH : HE ＝ 2 : 1

○ 3 : 1 : ?
　? ＝$\sqrt{3^2 - 1^2} = 2\sqrt{2}$

○ 1 : $\sqrt{2}$: ??
　?? ＝$\sqrt{1^2 + (\sqrt{2})^2}$
　　＝$\sqrt{3}$

5-04-3（その2）
（p.31）

高さ $h = a \times \dfrac{\sqrt{2}}{\sqrt{3}}$　一辺 a

▷ **基本性質 12**

7-12-3 正四面体の描き方 その1 ―― 描くときのポイント

手順①　　　手順②　　　手順③　　　手順④

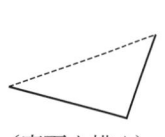

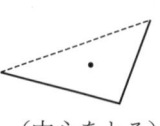

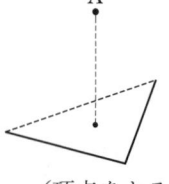

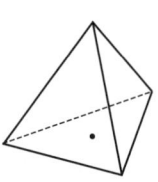

（底面を描く）　（中心をとる）　（頂点をとる）　（完成）

☞ 普通に頂点 A から描いても，頂点 A からおろした垂線の足の位置が正しければ OK. 極端にズレている場合は間違いの元になるので，図を描き直した方がよい．

☞ 描き方 その2
立方体に埋め込まれた形で．
（**7-07**（p.65）参照．）

7-12-4 正四面体の体積

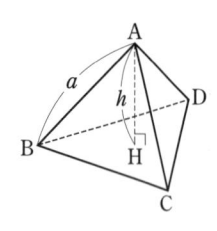

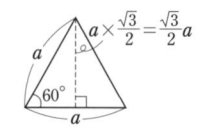

Step I　底面積 $S = a \times \dfrac{\sqrt{3}}{2}a \times \dfrac{1}{2} = \dfrac{\sqrt{3}}{4}a^2$

$a \times \dfrac{\sqrt{3}}{2} = \dfrac{\sqrt{3}}{2}a$

Step II　高さ h

〈方法①〉　$AE = \dfrac{\sqrt{3}}{2}a \ \left(HE = \dfrac{\sqrt{3}}{6}a\right)$ より

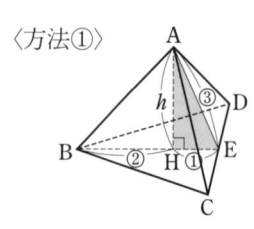

$\circ\ h = \sqrt{\left(\dfrac{\sqrt{3}}{2}a\right)^2 - \left(\dfrac{\sqrt{3}}{6}a\right)^2}$

$\circ\ h = AE \times \dfrac{2\sqrt{2}}{3} = \dfrac{\sqrt{3}}{2}a \times \dfrac{2\sqrt{2}}{3}$

〈方法②〉―― **7-12-2** より ――　$\circ\ h = a \times \dfrac{\sqrt{2}}{\sqrt{3}}$

などより…　$h = \dfrac{\sqrt{6}}{3}a$

Step III　体積 $V = \dfrac{\sqrt{3}}{4}a^2 \times \dfrac{\sqrt{6}}{3}a \times \dfrac{1}{3} = \dfrac{\sqrt{2}}{12}a^3$

▷ **基本性質 13**

7-13 等辺正四角すい# ―― すべての辺が等しい正四角すい

☞ # は仮の名称．

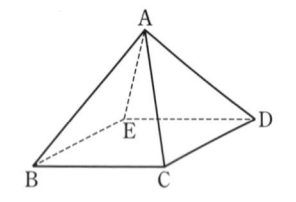

$\angle BAD = 90°$
（△ABD は直角二等辺三角形）

（理由）
△ABD ≡ △CBD（3辺相等）
∴　$\angle BAD = \angle BCD$
　　　　　　　$= 90°$

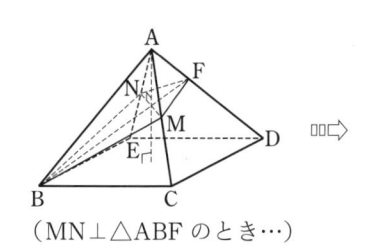

四角すい
A-BMFN
$= \triangle ABF \times MN \times \dfrac{1}{3}$

$= AB \times AF \times \dfrac{1}{2} \times MN \times \dfrac{1}{3}$

（という計算が可能）

（MN⊥△ABF のとき…）

7-14 正四角すいの描き方

手順①　（平べったいシャープな平行四辺形を描く）

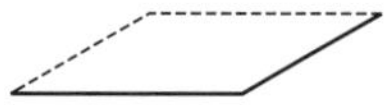

手順②　Hとする（対角線の交点を意識する；線はなくてもよい）

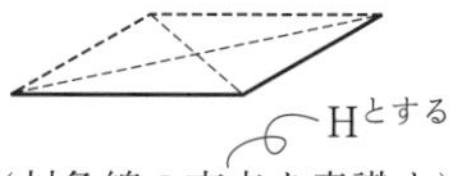

手順③　（Hの真上に頂点Aを決める）

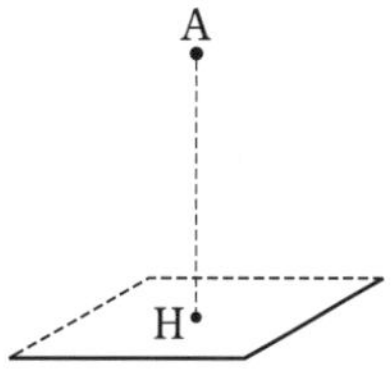

手順④　（完成）

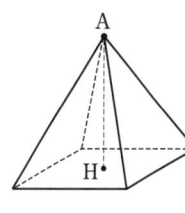

▫ポイント

① で ▭ でなく ▭ でなく，思い切って鋭角に．

② もちろん，斜めに…でもよい．

▷ 基本性質 ⑭

7-15 三角すいの体積比

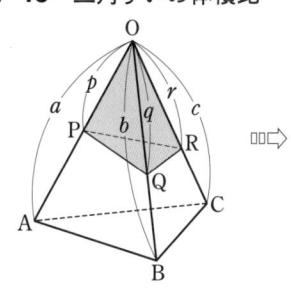

（その1）

$$O\text{-}PQR = O\text{-}ABC \times \dfrac{p}{a} \times \dfrac{q}{b} \times \dfrac{r}{c}$$

（同じことだが…）

（その2）

$$O\text{-}PQR : O\text{-}ABC = pqr : abc$$

▫三角すいの体積比とちがって，四角すいの体積比は切断される4辺の比の積にはならない．

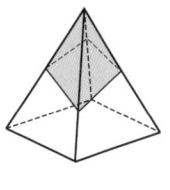

（理由）

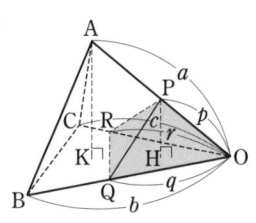

○底面積の比
　$\triangle OQR : \triangle OBC = qr : bc$

○高さの比
　$PH : AK = p : a$

（より）

▶応用テーマ 4

7-04 正四角すいの切断

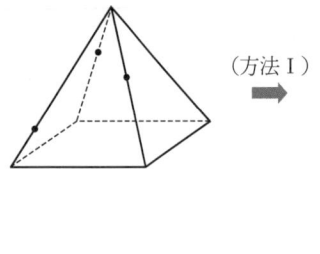

（方法Ⅰ）

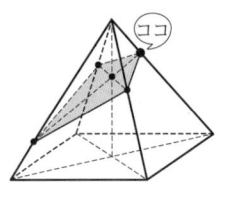

（方法Ⅱ）

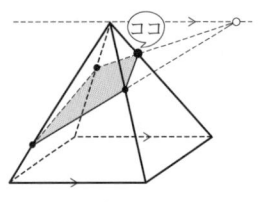

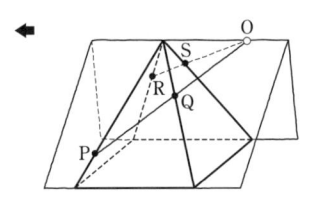

こ，こんな発想で切断するとは…

手前の斜面をOまで登って，次に反対側の斜面をRまで降りていく途中でSを通る…というイメージ．

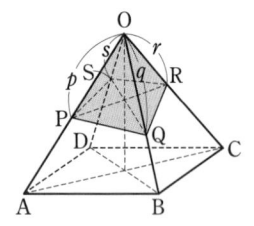

$\left(\begin{array}{l}\text{OP}:\text{OA}=p:1,\ \text{OQ}:\text{OB}=q:1\\ \text{OR}:\text{OC}=r:1,\ \text{OS}:\text{OD}=s:1\\ \text{O-ABCD}=1\ (\text{とする})\end{array}\right)$

O-PQRS
$(=\text{O-RQS}+\text{O-PQS})$
$=\dfrac{1}{2}\cdot\dfrac{r}{1}\cdot\dfrac{q}{1}\cdot\dfrac{s}{1}$
$\quad+\dfrac{1}{2}\cdot\dfrac{p}{1}\cdot\dfrac{q}{1}\cdot\dfrac{s}{1}\ \cdots\cdots$①

O-PQRS
$(=\text{O-SPR}+\text{O-QPR})$
$=\dfrac{1}{2}\cdot\dfrac{s}{1}\cdot\dfrac{p}{1}\cdot\dfrac{r}{1}$
$\quad+\dfrac{1}{2}\cdot\dfrac{q}{1}\cdot\dfrac{p}{1}\cdot\dfrac{r}{1}\ \cdots\cdots$②

①＝②より
$rqs+pqs=spr+qpr$
∴ $\dfrac{1}{p}+\dfrac{1}{r}=\dfrac{1}{q}+\dfrac{1}{s}$

（という関係がある）

← O-PQRS
$=\text{O-ABCD}\times\dfrac{p}{1}\times\dfrac{q}{1}\times\dfrac{r}{1}\times\dfrac{s}{1}$
（完全な誤り！）

立体をつくる3つの要素…
〈たて・横・高さ〉以外の第4の要素は存在しない，ということ．

7-05 三角すいの切断

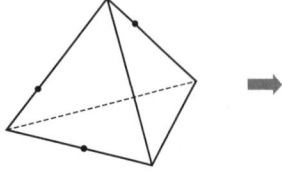

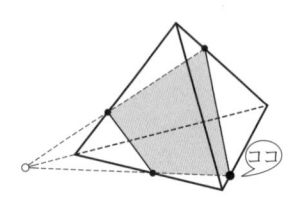

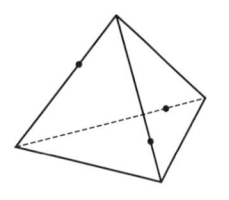

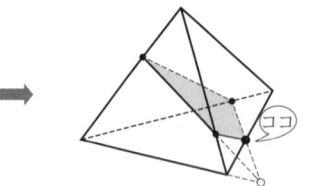

◀正四角すいの場合は…
○対称な面
○平行な面
などを使うことができたが，三角すいの場合は
「延長」という発想の作図が必要になる．

▶応用テーマ 5

7-06 切断図形の体積比

（例1） 正四角すい

$V_1 : V_2 = ?$
（上）（下）

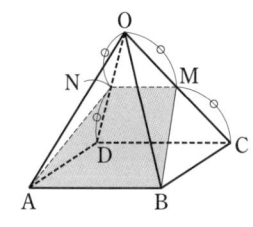

◀切断面 ABMN の上（O を含む立体）の体積を V_1，下（C を含む立体）の体積を V_2 とする．

［方法その1］

下の部分を分けて体積を求める．

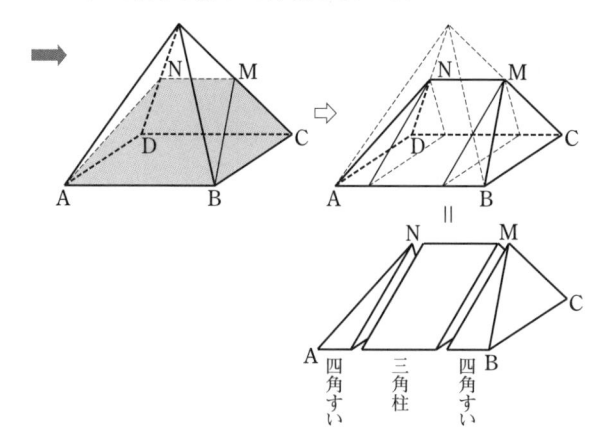

四角すい／三角柱／四角すい

［方法その2］

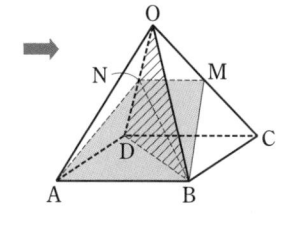

$V_1 = $ O-ABN ＋ O-BMN

$= \dfrac{1}{2}V_0 \times \dfrac{1}{2} + \dfrac{1}{2}V_0 \times \dfrac{1}{2} \times \dfrac{1}{2}$

$= \dfrac{3}{8}V_0$

$\therefore\ V_1 : V_2 = \dfrac{3}{8}V_0 : \left(V_0 - \dfrac{3}{8}V_0\right)$

$= 3 : 5$

▶ $V_1 + V_2 = V_0$（全体）とする．

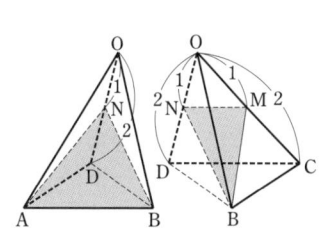

［方法その3］

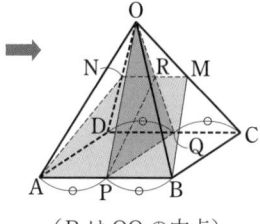

（△OPR＝△QPR＝s とすると…）

$V_1 : V_2 = s \times \dfrac{0+1+2}{3}$

$: s \times \dfrac{1+2+2}{3}$

$= 3 : 5$

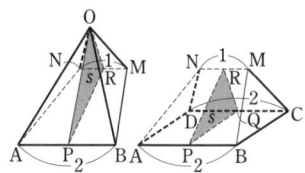

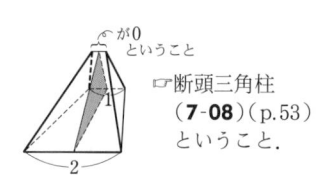

（R は OQ の中点）

○が0
ということ

▷断頭三角柱
（**7-08**）(p.53)
ということ．

(例2) 正四面体

$V_1 : V_2 = ?$
(上) (下)

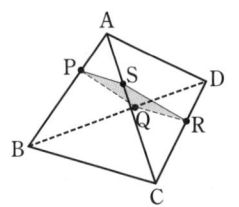

$$\begin{bmatrix} AP : PB \\ = AS : SC \\ = DR : RC \\ = DQ : QB \\ = 1 : 2 \end{bmatrix}$$

◀切断面 PQRS の上（A を含む立体）の体積を V_1，下（C を含む立体）の体積を V_2 とする．

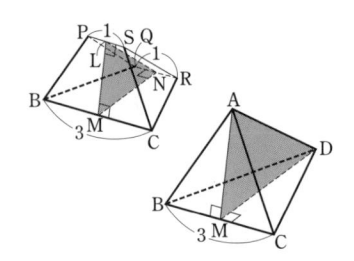

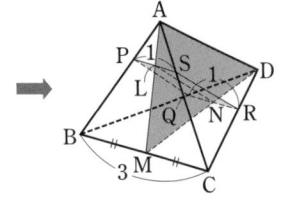

(A-BCD=V_0 とする)

$V_2 : V_0$

$= \triangle LMN \times \dfrac{1+1+3}{3}$

$\quad : \triangle AMD \times \dfrac{0+0+3}{3}$

$= 4 \times \dfrac{5}{3} : 9 \times \dfrac{3}{3} = 20 : 27$

∴ $V_1 : V_2 = (27-20) : 20$

$\qquad\qquad = 7 : 20$

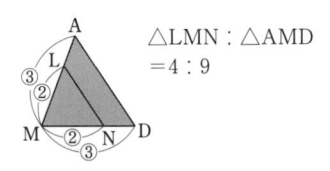

$\triangle LMN : \triangle AMD = 4 : 9$

◆ 正多面体の相互関係

▷基本性質 15

7-16 正多面体の性質

[I] 正多面体とは…

① すべての面は合同な正多角形

② 頂点に集まる面の数が等しい（へこみのない立体）

▫右図（正四面体をくっつけた立体）は①を満たしているが②を満たしてはいない．

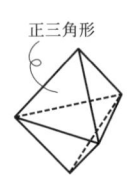

正三角形

[II] 5種類(しかない)：正四面体・正六面体・正八面体・正十二面体・正二十面体

○一つの面 正三角形　$60° \times 3 = 180°$　OK → 正四面体
　　　　　　　　　　$60° \times 4 = 240°$　OK → 正八面体
　　　　　　　　　　$60° \times 5 = 300°$　OK → 正二十面体
　　　　　　　　　　$60° \times 6 = 360°$　×
　　　　　　　　　　　　⋮

○一つの面 正方形　　$90° \times 3 = 270°$　OK → 正六面体（立方体）
　　　　　　　　　　$90° \times 4 = 360°$　×
　　　　　　　　　　　　⋮

○一つの面 正五角形　$108° \times 3 = 324°$　OK → 正十二面体
　　　　　　　　　　$108° \times 4 = 432°$　×
　　　　　　　　　　　　⋮

▫一つの頂点に集まる面の数は，3個以上でないと立体にならない．また，一つの頂点に集まる正多角形の頂角の和が360°以上になると…
　360°ちょうど → 平ら
　360°より大 → 重なり合う
立体にならない．

▷**基本性質** 16

7-17　正八面体の描き方 その1

手順①　手順②　手順③　手順④

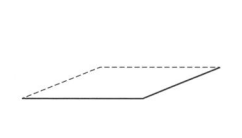

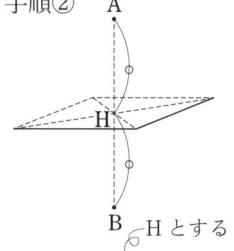

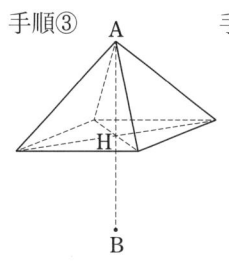

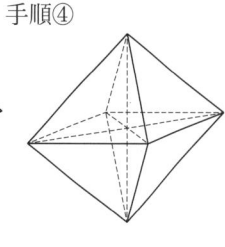

$\begin{pmatrix}平べったいシャープ\\ な平行四辺形を描く\end{pmatrix}$　$\begin{pmatrix}対角線の交点の真上・\\ 真下に A, B をとる\end{pmatrix}$　（上を完成）　（完成）

H とする

▫ポイント：正四角すいの描き方(**7-14**(p.61))と同じ．もちろん斜めに…でもよい．

▫描き方 その2
立方体の各面の中心を頂点とする
立体(p.66 [Ⅲ] の図)として．

▶**応用テーマ** 6

7-07　正多面体の相互——埋め込み——関係

［Ⅰ］埋め込み その1：立方体・正四面体・正八面体

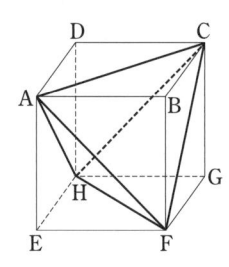

▫A-CFH は正四面体 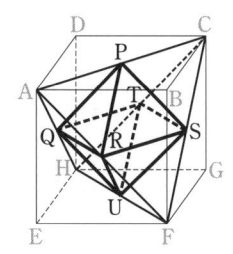　▫PQRSTU は正八面体

◀ P, Q, R, S, T, U は…
AC, AH, AF, CF, CH, FH の中点．
左の図から，正四面体の体積を求めることができる．

［Ⅱ］埋め込み その2：正四面体・正八面体
　　　（［Ⅰ］と同じことだが…）

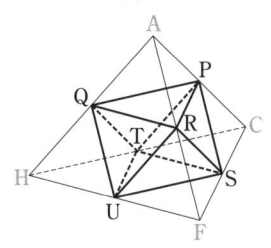

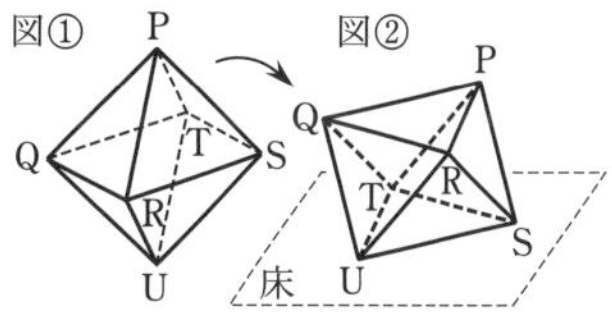

図①　図②

$\begin{pmatrix}空中に浮いて\\ いる正八面体\end{pmatrix}$　$\begin{pmatrix}床に置かれた\\ 正八面体\end{pmatrix}$

図②をいきなり描くのは難しいが，
［Ⅱ］を利用すると簡単．

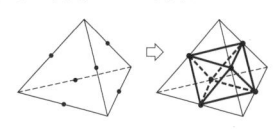

65

[Ⅲ] 埋め込み その3：立方体・正八面体・立方体

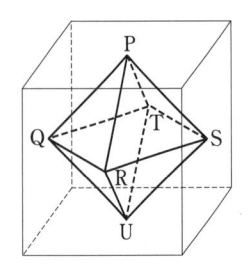

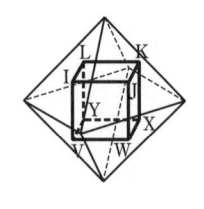

□PQRSTU は正八面体　　□IJKLVWXY は立方体

← P, Q, R, S, T, U は…立方体の各面の中心.

← I, J, K, L, V, W, X, Y は…正八面体の各面の中心.

[Ⅳ] 埋め込み その4：正四面体・正四面体

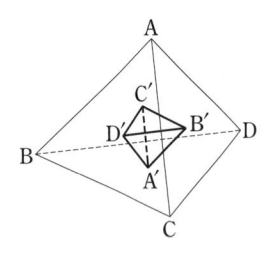

□A'B'C'D' は正四面体

← A', B', C', D' は…正四面体の各面の中心.

直方体と四面体との，次のような埋め込み関係もある．

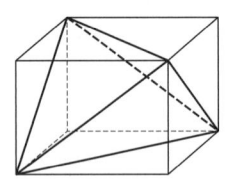

4つの面が合同な三角形の四面体で，等面四面体という．

[コメント] ここで取り上げた例以外にも正多面体どうしの埋め込みの関係はいくつかあり，その立体構造の神秘に驚かされます．

【例1】

1辺の長さが等しい正四面体と正八面体の体積の比を求めよ．

解説 図より
$$V_2 = V_1 \times 8 - V_1 \times 4$$
$$= V_1 \times 4$$
$$\therefore\ V_1 : V_2 = 1 : 4$$

□埋め込みの関係を使うと，こうなるということ．

【例2】

1辺の長さが a の正八面体の互いに平行な面の距離を求めよ．

解説

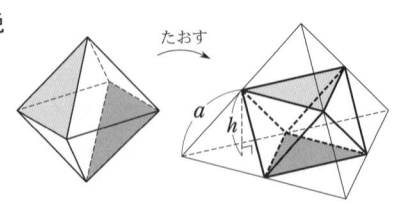

求める距離は図の h で，これは一辺の長さが a の正四面体の高さに等しく
$$h = a \times \frac{\sqrt{2}}{\sqrt{3}} = \frac{\sqrt{6}}{3} a \quad (\textbf{7-12-4})(\text{p.60})$$

□これも——いろいろな求め方があるが——，埋め込みの関係を使うと簡単．

❖ 丸い立体

▷基本性質 17
7-18 円柱の性質

[1] 表面積

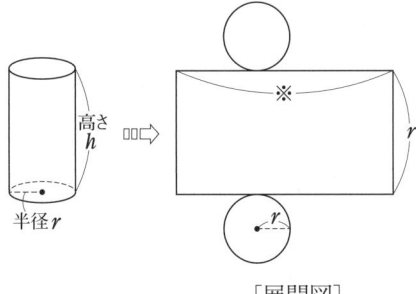

▷側面の長方形の横※
　　＝底面の円周
　　＝$2\pi r$
▷表面積＝底面積×2＋側面積
　　　　＝$\pi r^2 \times 2 + 2\pi r \times h$

(Memo) 英語で円柱は cylinder．

[2] 体積 (基本)

円柱の体積＝底面積×高さ
　　　　　＝$\pi r^2 \times h$

体積 (応用) その1

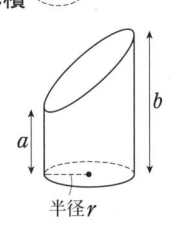

a … 一番低いところまでの長さ
b … 一番高いところまでの長さ

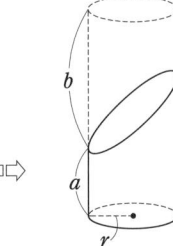

$\pi r^2 \times (a+b) \times \dfrac{1}{2}$

[円柱を斜めの平面で切断した図形]

体積 (応用) その2

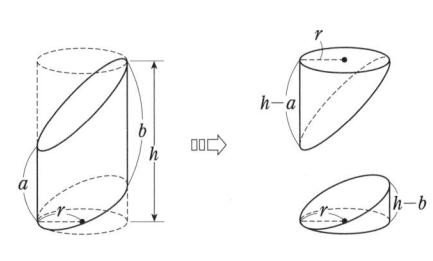

$\pi r^2 \times (h-a) \times \dfrac{1}{2}$ …ア

$\pi r^2 \times h - (ア-イ)$
　　＝$\pi r^2 \times (a+b) \times \dfrac{1}{2}$

$\pi r^2 \times (h-b) \times \dfrac{1}{2}$ …イ

☞ その1と同じ，ということ．

▷基本性質 18

7-19 円すいの性質

[1] 展開図の中心角

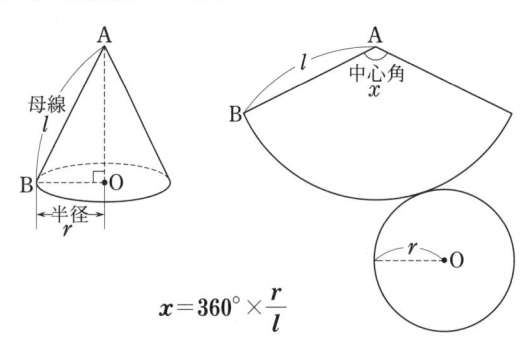

$$x = 360° \times \frac{r}{l}$$

[理由]

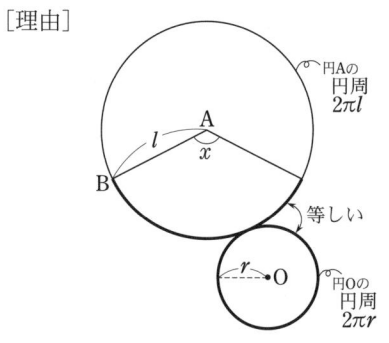

$$x = 360° \times \frac{\text{円Oの円周}}{\text{円Aの円周}} = 360° \times \frac{2\pi r}{2\pi l}$$

[2] 側面積

$$S = \pi r l$$

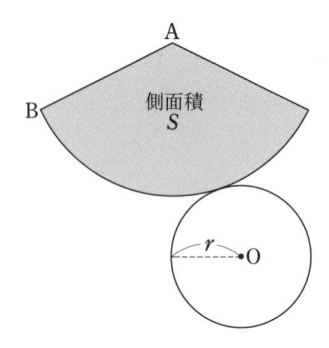

[理由]

$$S = \text{円Aの面積} \times \frac{\text{円Oの円周}}{\text{円Aの円周}}$$
$$= \pi l^2 \times \frac{2\pi r}{2\pi l}$$

☞ 側面の展開図のおうぎ形の弧の長さを a, 母線の長さを b とすると,

$$S = \frac{1}{2}ab$$

とすることができる.

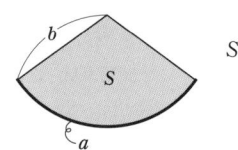

$$S = \pi b^2 \times \frac{a}{2\pi b}$$
$$= \frac{1}{2}ab$$

[3] 体積

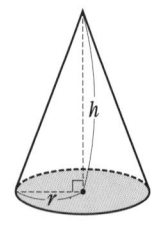

┄円すいの体積┄
底面積
$= \pi r^2 \times h \times \frac{1}{3}$

☞ ＜円すい＞＝＜円柱＞×$\frac{1}{3}$ も, 角すいの場合と同様, 公式として証明なしに使ってかまわない.

(Memo) 円すいは英語で cone【koun】. トンガリコーンのコーンだが, 発音はコウン.

▶応用テーマ 7

7-08 円すい台の性質

[1] 展開図

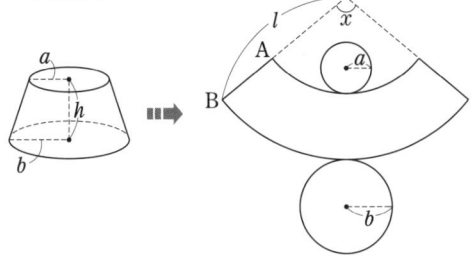

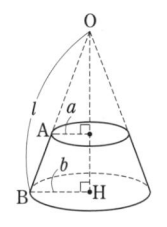

中心角 $x = 360° \times \dfrac{b}{l}$

[2] 側面積

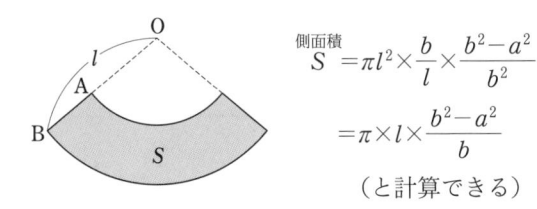

側面積
$$S = \pi l^2 \times \dfrac{b}{l} \times \dfrac{b^2 - a^2}{b^2}$$
$$= \pi \times l \times \dfrac{b^2 - a^2}{b}$$

（と計算できる）

◀大・小のおうぎ形の面積比から計算….

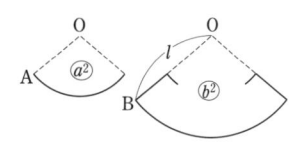

[3] 体積

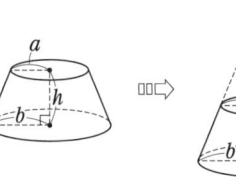

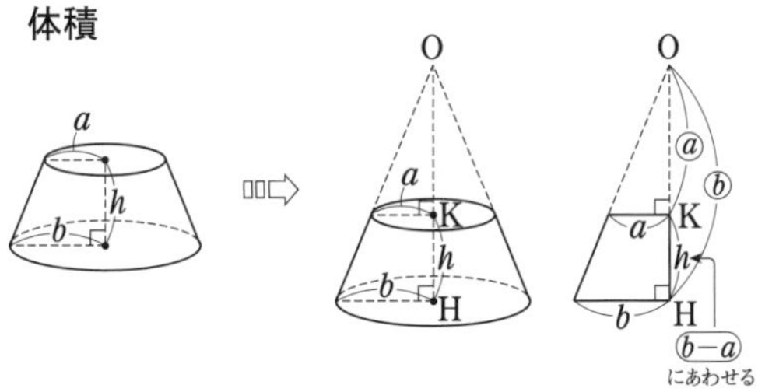

円すい台の　小円すい
体積 $V = V_0 \times \dfrac{b^3 - a^3}{a^3}$

$\left[\overset{\text{小円すい}}{V_0} = \pi a^2 \times \left(h \times \dfrac{a}{b-a} \right) \times \dfrac{1}{3} \right]$

と計算できる．

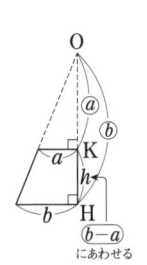

OK
$= KH \times \dfrac{a}{b-a}$
$= h \times \dfrac{a}{b-a}$

◀大・小の円すいの体積比から．

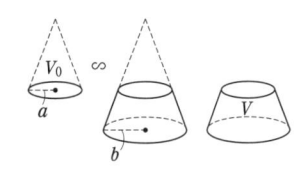

大　$a : b$
小　$a^3 : b^3 : b^3 - a^3$

▷基本性質 19

7-20-1 球の体積・表面積

―球の体積―
$$V = \dfrac{4}{3}\pi r^3$$

―球の表面積―
$$S = 4\pi r^2$$

☞どちらも，証明なしの使用可．
厳密な証明は高校数学で．

7-21 球と交わる平面がつくる円

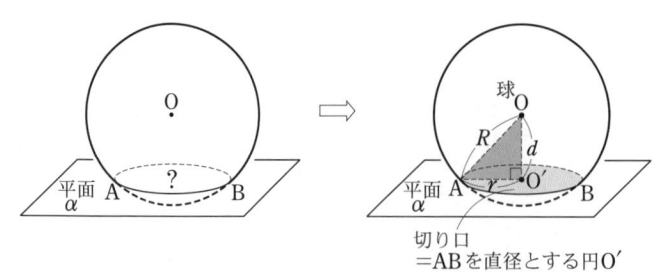

○球Oの中心から平面αまでの距離(=OO')…d
○球Oの半径 …R
○円O'の半径 …r
〃 の面積 …S
（とする）

切り口＝ABを直径とする円O'

ま横から見て…

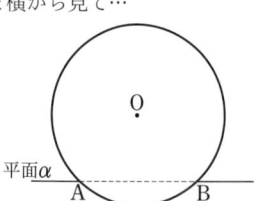

切り口の円の半径 $r=\sqrt{R^2-d^2}$

切り口の円の面積 $S=\pi r^2=\pi(R^2-d^2)$

▶応用テーマ 8

7-09 立方体の内接球を切る

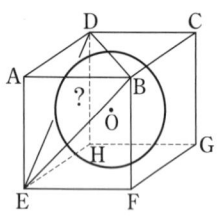

一辺 a の立方体に内接する球Oを平面DEBで切ると…

Step 1 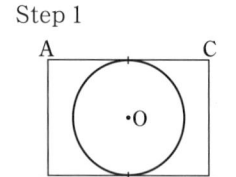
平面AEGCで、立方体・球を切る．

Step 2
M ACの中点

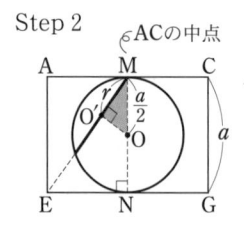

切り口の円の半径 $r=\dfrac{a}{2}\times\dfrac{\sqrt{2}}{\sqrt{3}}$

切り口の円の中心O'は、立方体の対角線AGと平面DEBの交点になっている．

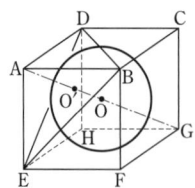

◀△AEGは3辺の比が $1:\sqrt{2}:\sqrt{3}$ の直角三角形．

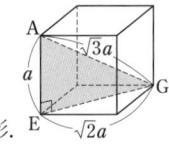

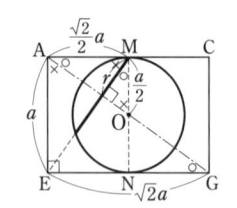

○$r=\dfrac{a}{2}\times\dfrac{\sqrt{2}}{\sqrt{3}}$

○$r=\dfrac{\sqrt{2}}{2}a\times\dfrac{1}{\sqrt{3}}$

○$r=ME\times\dfrac{1}{3}$
$=a\times\dfrac{\sqrt{3}}{\sqrt{2}}\times\dfrac{1}{3}$

（など，いろいろできる）

▷基本性質 20

7-22-1　内接球の半径：正四角すい

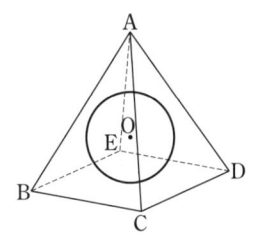

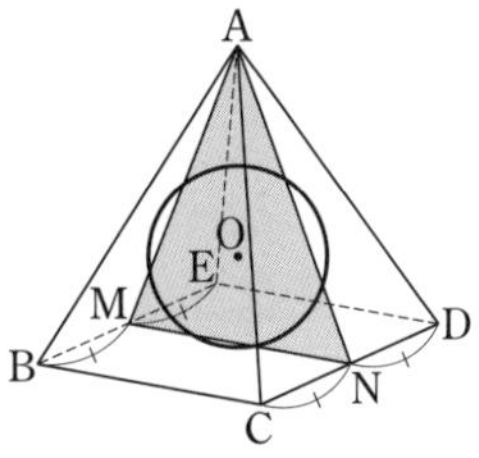

切断面 AMN を
とり出す．

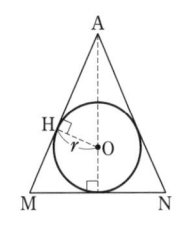

二等辺三角形 AMN の
内接円 O の半径 r
　　　　　　　　　を求める
（☞ 6-01 [3]）（p.34）

7-22-2　内接球の半径：正四面体

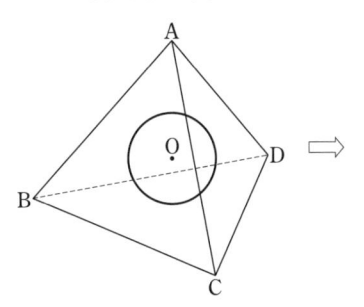

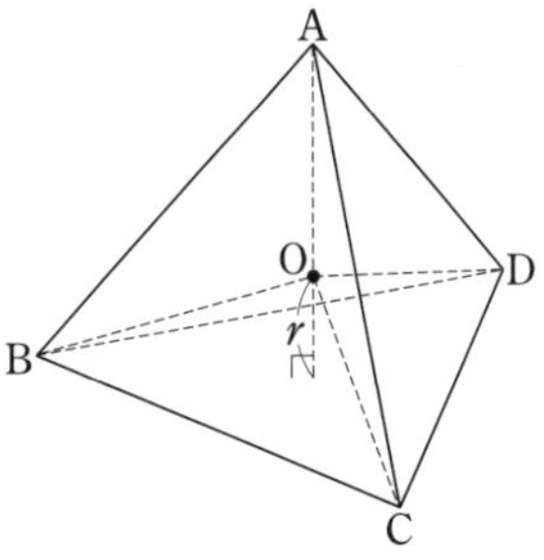

$\left.\begin{array}{l}\text{O-BCD}\\\text{O-ABC}\\\text{O-ACD}\\\text{O-ADB}\end{array}\right\}$ 合同な三角すい

O-BCD×4＝A-BCD
より
$$r = h \times \frac{1}{4}$$
$\left(h = a \times \dfrac{\sqrt{2}}{\sqrt{3}} \leftarrow \text{7-12-2}\right)$
（p.59）

$\left(\begin{array}{l}\text{内接球の半径 }r\\\text{正四面体の高さ }h\end{array}\right)$

☞A から底面の△BCD に下
した垂線の足 H は△BCD
の中心（＝重心）に一致．

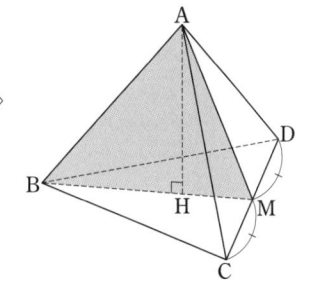

A のま下に
H がある

BH＝②，HM＝①
とすると
AM＝BM＝③

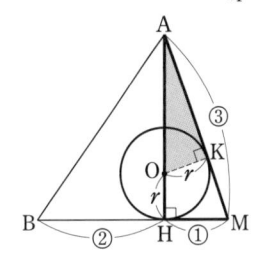

△AOK∽△AMH
AO＝OK×3
　　＝r×3
∴　$r = h \times \dfrac{1}{4}$

☞角の二等分線
定理より
AO＝3r
∴　$r = h \times \dfrac{1}{4}$
とすることも
できる．

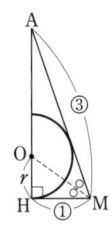

▷基本性質 21

7-23-1 外接球の半径：正四角すい

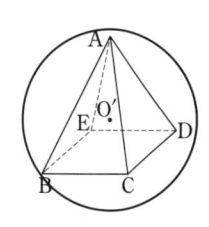

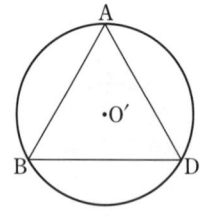

⇒ 切断面 ABD をとり出す.

二等辺三角形の
外接円の半径
を求める
(☞ 6-03 [3])(p.35)

7-23-2 外接球の半径：正四面体

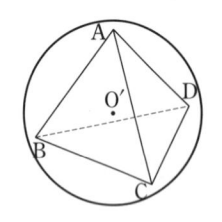

⇒ 正四面体の内接球の中心 O
  正四面体の外接球の中心 O′ } 一致する

$\begin{pmatrix} 正四面体の \\ 対称性より \end{pmatrix}$

∴ 外接球の半径 $R = OA' = 3r$

$\left(R = h \times \dfrac{3}{4} \right)$

⇒ 正四面体ｲの外接球は…
図の立方体ｱの外接球と同じ.
──ｱとｲ…埋め込み関係
(☞ 7-07 [I])(p.65)

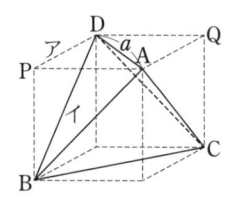

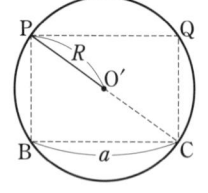

PB : BC : CP = 1 : $\sqrt{2}$: $\sqrt{3}$ （より）

$R = a \times \dfrac{\sqrt{3}}{\sqrt{2}} \times \dfrac{1}{2}$

　　‖
対角線 PC

☞ 正四面体の内接球・外接球を一度に
切断面 ABM で切ると，右図のよう
な断面図となる（M は CD の中点）．

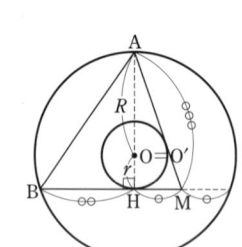

$\left. \begin{array}{l} r = h \times \dfrac{1}{4} \\ R = h \times \dfrac{3}{4} \end{array} \right\} R = r \times 3$

▶応用テーマ ⑨

7-10 立方体の各辺に接する球

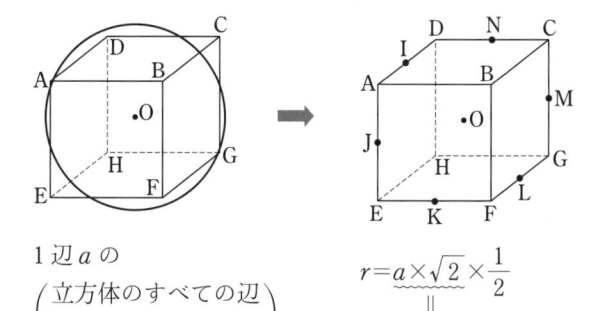

1辺 a の
$\begin{pmatrix}立方体のすべての辺\\に接する球(半径 r)\end{pmatrix}$

$r = a \times \sqrt{2} \times \dfrac{1}{2}$
      $\|$
   NK(直径) = DE

← I, J, K, L, M, N を，各辺の中点とすると，この 6 点を通る円の中心が，球 O の中心．

$\left.\begin{array}{l}\text{NK}\\\text{IL}\\\text{JM}\end{array}\right\}$ 球 O の直径

7-11 正四角すいの辺に接する球

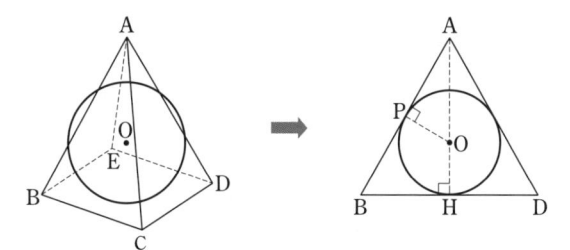

$\begin{pmatrix}\text{AB, AC, AD, AE と}\\\text{底面 BCDE に接する球}\end{pmatrix}$

($\triangle$ABH ∽ $\triangle$AOP)
(☞ 6-01 [3])(p.34)

← 1 つの面 BCDE と 4 本の骨組み AB，AC，AD，AE からなる物体ということ．

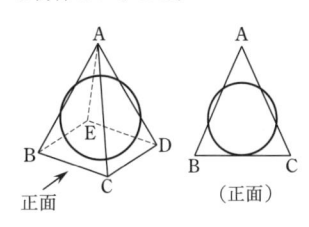

正面　　（正面）

4 本の棒が球にのっかっているようなもの．

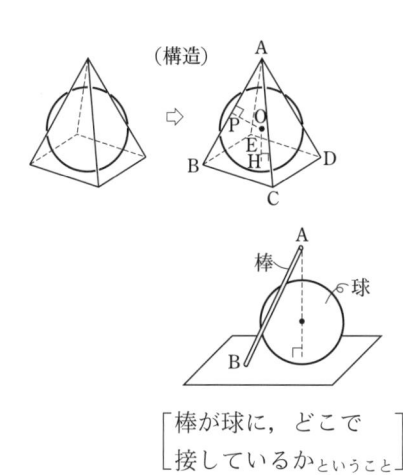

（構造）

[棒が球に，どこで接しているかということ]

こんな感じカイナ？

73

▶応用テーマ 10

7-12 正四面体の各辺に接する球

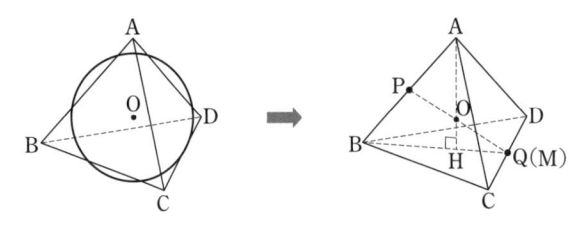

(1辺 a の正四面体)

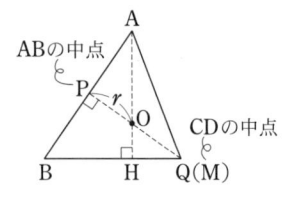

△ABH ∽ △AOP
$$\left(\frac{PO}{AP}=\frac{HB}{AH}=\frac{1}{\sqrt{2}}\right)$$

☞ **7-12**-2 (p.59)

∴ $r = a \times \dfrac{1}{2} \times \dfrac{1}{\sqrt{2}}$

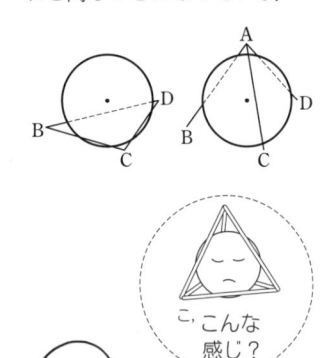

7-13 正四面体に接する「3つの球」

(その1) すべての頂点に接する球 (外接球)　[**7-23**-2]
(その2) すべての面に接する球 (内接球)　[**7-22**-2]
(その3) すべての辺に接する球　[**7-12**]

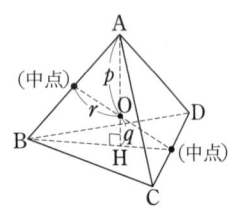

(1辺 a の正四面体)
(AH = h とする)

(その1)　$p = h \times \dfrac{3}{4} = a \times \dfrac{\sqrt{2}}{\sqrt{3}} \times \dfrac{3}{4}$

(その2)　$q = h \times \dfrac{1}{4} = a \times \dfrac{\sqrt{2}}{\sqrt{3}} \times \dfrac{1}{4}$

(その3)　$r = a \times \dfrac{1}{2} \times \dfrac{1}{\sqrt{2}}$

$p : q : r = 3 : 1 : \sqrt{3}$

◂「正四面体の各辺に接する球」とは……
　6本の骨組み（正四面体状に組み合わされている——内部は空洞——）のすべてに接する球のこと．下の図のように，正三角形状の骨組みの上に球をのせると，一部が下にはみ出るようにして正三角形の骨組みに接することになる．3つの側面もこれと同じことになっている．

こ，こんな感じ？

◂球の中心と頂点 A，B の3点を通る平面で切断すると，図のようになっている．

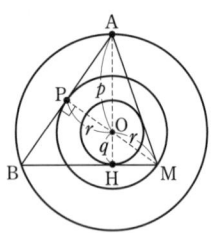

(△MOH も3辺の比が $1 : \sqrt{2} : \sqrt{3}$)

◂$p : q : r$
　$= 3q : q : 3q \times \dfrac{1}{\sqrt{3}}$ (より)

☞ 大昔，東大で次のように出題された．

> 正四面体 T と半径 1 の球面 S があって，T の6つの辺がすべて S に接しているという．T の1辺の長さを求めよ．　(82 東大・理系，後半略)

(その3)がテーマで，$1 = a \times \dfrac{1}{2} \times \dfrac{1}{\sqrt{2}}$ より
$$a = 2\sqrt{2}$$
(ということ)

▶応用テーマ 11

7-14 互いに接する球 ――2個――

[1] 円柱に内接

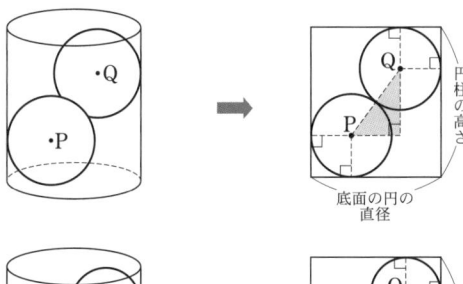

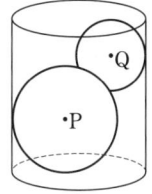

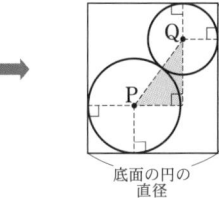

[2] 立方体に内接

☆球の中心(2個)が
同じ平面上にある…
⇒
球の中心を含む
切断面 で考える

☞「2個」でなくても，複数の球の中心が同一平面上にある場合は，その平面(切断面)上で考える．

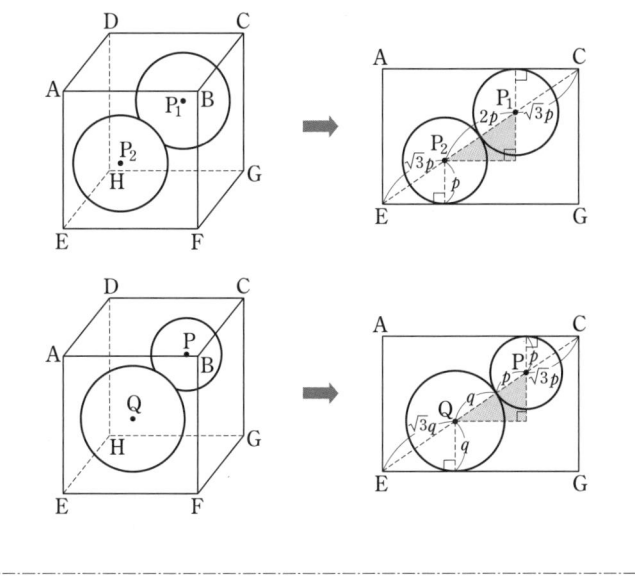

◀切断面 AEGC 上に，2つの球の中心がある．

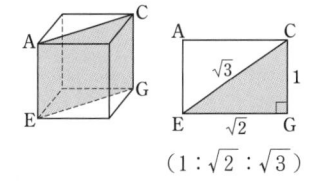

$(1:\sqrt{2}:\sqrt{3})$

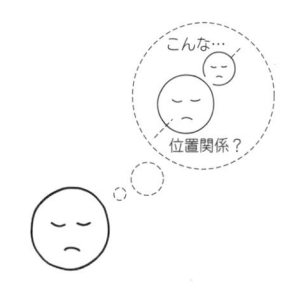

こんな… 位置関係?

☞ま上から見ると，平面 AEGC 上に2つの球の中心があることが感覚的にも理論的にも確認できる．

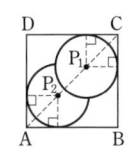

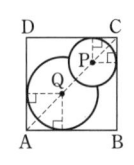

(ま上から見た図)

75

▶応用テーマ 12
7-15 互いに接する球 ── 4個 ──

（半径 r の4つの球）

○ 3個の球…底面と側面に接している
○ 1個の球…3個の球と上面に接している

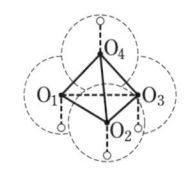

正四面体 $O_4 O_1 O_2 O_3$ の高さ $= 2r \times \dfrac{\sqrt{2}}{\sqrt{3}}$

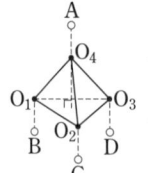

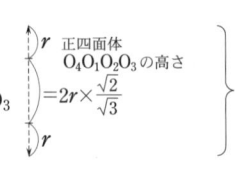

A　　球 O_4 が円柱の上面に接している点
B, C, D　球 O_1, O_2, O_3 が円柱の下面に接している点

◀球の中心が4個あり，その4個は同じ平面上にはない．

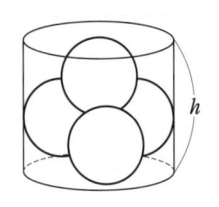

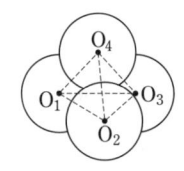

☆球の中心（4個）が同じ平面上にない…
⇩
球の中心を結ぶ 骨格図 で考える

◀4つの球の半径が等しい場合，4つの球の中心を結んだ骨格は正四面体になる．

球は…切断面か骨格図が攻略の決め手！

【例1】
すべての辺が 6cm の正四角すいがある．この正四角すいの底面と頂点 A を端点とする4つの辺すべてに接する球 O の半径 r を求めよ．

解説

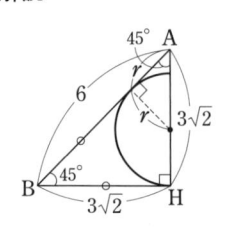

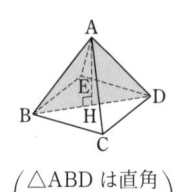

（△ABD は直角二等辺三角形）

$r = 6 - 3\sqrt{2}$ （cm）

【例2】
半径6の3個の球を互いに接するように平面 α の上に置き，さらに球 P をこの3個の球の上に置いたところ，平面 α から球 P の上端までの高さが 18 となった．このとき，球 P の半径 $r = \boxed{}$ である．

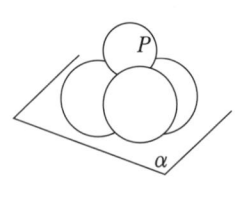

解説　$(6+r)^2 = (12-r)^2 + (4\sqrt{3})^2$ より
$r = \dfrac{13}{3}$

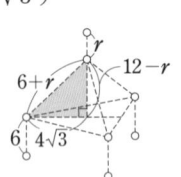

【例3】

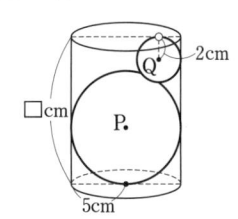

円柱内で互いに接している2つの球
$\begin{cases} P\cdots\text{半径}5\text{cm} \\ Q\cdots\text{半径}2\text{cm} \end{cases}$
円柱の高さ $h=\boxed{}$ cm.

解説

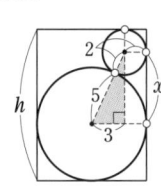

$x=\sqrt{(5+2)^2-(5-2)^2}$
$\quad =2\sqrt{10}$
$\therefore\ h=5+2+2\sqrt{10}$
$\quad =\boldsymbol{7+2\sqrt{10}}$ (cm)

【例4】

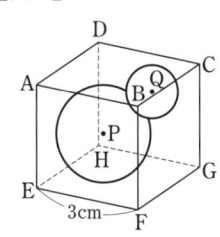

一辺が3cmの立方体の内部に、下の条件のように球P、Qが接している。球Pの半径が1cmのとき、球Qの半径 $r=\boxed{}$ cm.

[・球Pと球Q … 互いに外接
・球P … 立方体のEに集まる3平面に接する
・球Q … 立方体のCに集まる3平面に接する]

解説 （ま上から）　（切断面より）

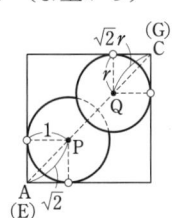

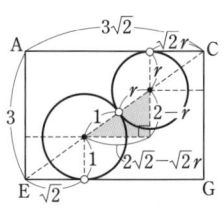

$(2-r)^2+\{\sqrt{2}(2-r)\}^2=(1+r)^2$
より, $r=\dfrac{\boldsymbol{7-3\sqrt{3}}}{\boldsymbol{2}}$ (cm)

☞ **7-14**[2]より $\sqrt{3}+1+r+\sqrt{3}\,r=3\sqrt{3}$ とすることもできる.

【例5】

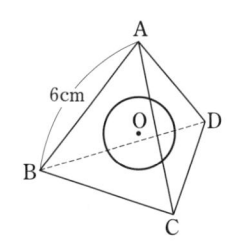

一辺が6cmの正四面体 ABCD に内接する球Oの半径 $r=\boxed{}$ cm.

解説

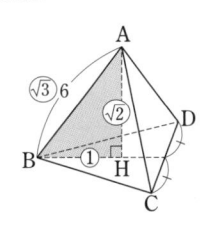

$AH=AB\times\dfrac{\sqrt{2}}{\sqrt{3}}$

　　(**7-12**-2)(p.59)

$=6\times\dfrac{\sqrt{2}}{\sqrt{3}}=2\sqrt{6}$

$r=2\sqrt{6}\times\dfrac{1}{4}=\dfrac{\boldsymbol{\sqrt{6}}}{\boldsymbol{2}}$ (cm)

　　(**7-22**-2)(p.71)

☞ 正四面体の内接球の半径と正四面体の高さとの関係を知らなければ、もしくは忘れたら…、
[方法1]　体積を利用して
[方法2]　切断面で相似などを利用して
半径を求めればよい.

【例6】

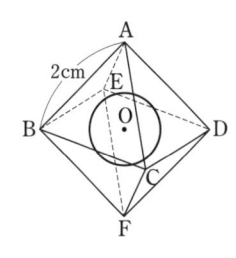

一辺の長さが2cmの正八面体に内接する球Oの半径 $r=\boxed{}$ cm.

解説　BCの中点をM，DEの中点をNとする.

$AO=\sqrt{(\sqrt{3})^2-1^2}=\sqrt{2}$

$\triangle AOH\backsim\triangle AMO$ より,

$OH(=r)$
$=AO\times\dfrac{1}{\sqrt{3}}$
$=\sqrt{2}\times\dfrac{1}{\sqrt{3}}=\dfrac{\boldsymbol{\sqrt{6}}}{\boldsymbol{3}}$ (cm)

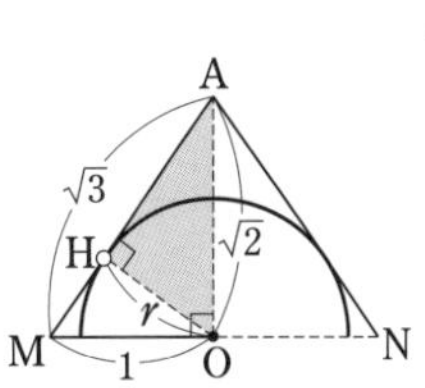

（切断面より）

77

［8］軌跡・動く図形

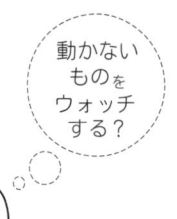

動かないものをウォッチする？

点・線分・多角形などが動いてできる図形を追跡する最も有効な手段は，動かないもの，変わらないものを，そして動くものとの関係を確認すること．高校受験数学の図形で扱う曲線は円だけなので，見当がつかないときは，2点，3点，4点と実際に点を取り，動きが直線か曲線(＝円)かを確かめること．

▷**基本性質 1**

高校受験数学で扱う「軌跡」は，次の2つ．

　［1］　直線
　［2］　円

そして，「軌跡」は＜何が一定か＞によって決まるが，その＜一定である＞ものは

$\begin{cases} \circ 長さ(距離) \\ \circ 角度 \end{cases}$ の2つ．

------「軌跡」とは…------
ある一定の条件を満たしながら動く点Pがあり，点Pが動くことによって描かれる図形をLとするとき，
　　＜図形Lは点Pの軌跡＞
という．

8-01-1　2つの軌跡 その1：直線

（1）定直線から距離が一定

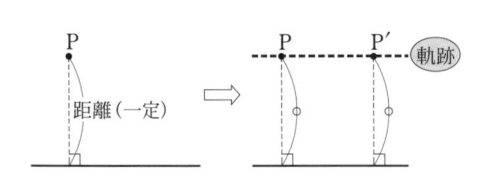

（2）2定点から等距離

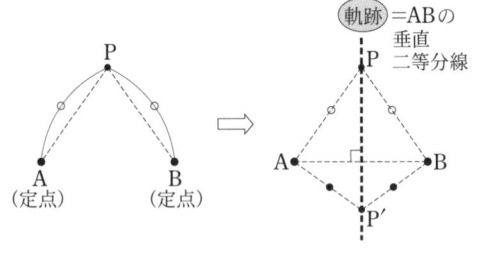

（3）2直線から等距離

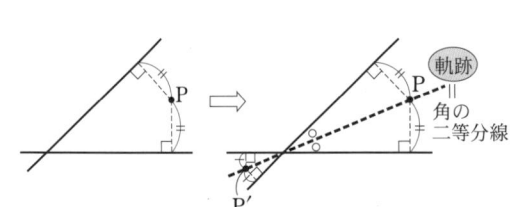

（4）定半直線から角一定

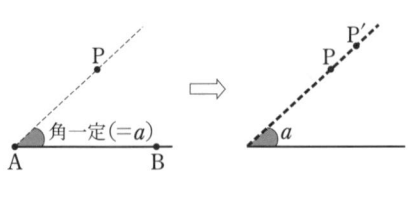

☞ 平面上で動く図形は点だけではないが，中学数学では，ある条件を満たす点(全体)がつくる図形のことを，その点の「軌跡」という．

8-01-2　2つの軌跡 その2：円

（1）　定点からの距離一定

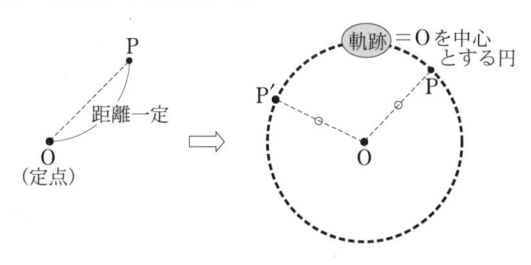

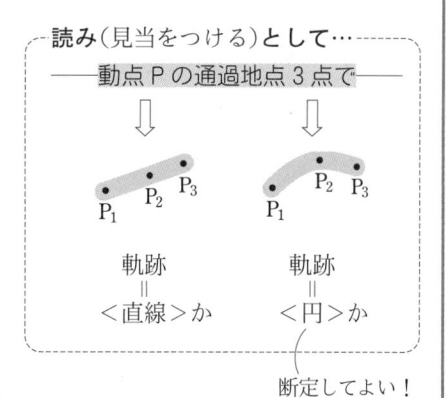

読み（見当をつける）として…

動点Pの通過地点3点で

⇒ 軌跡＝〈直線〉か 軌跡＝〈円〉か

断定してよい！

（2）　2定点（定線分）を見込む角一定

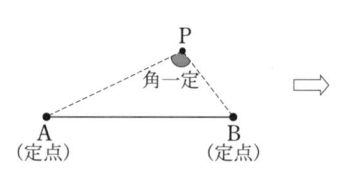

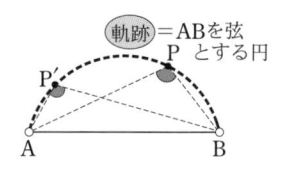

軌跡＝ABを弦とする円

（線分ABの上側を動く）

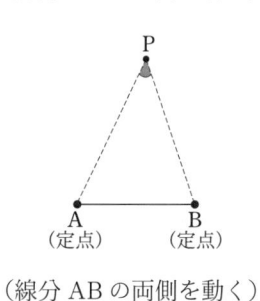

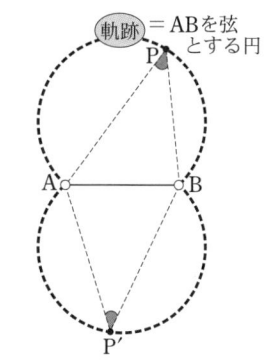

軌跡＝ABを弦とする円

（線分ABの両側を動く）

☞中学の数学で扱われる曲線となる「軌跡」は「円」だけ，だから．例外として，座標平面上に「双曲線」（反比例のグラフ）と「放物線」があるが，両者は一定の図形的性質をもった点の集合（＝軌跡）として扱われるわけではない．

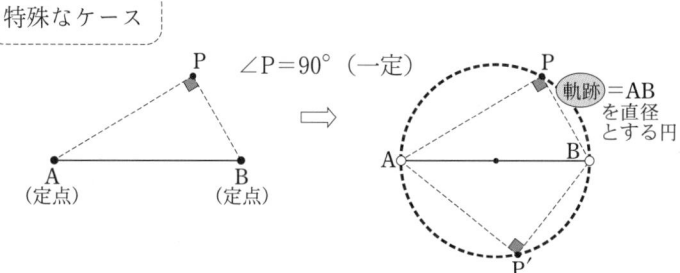

よく出る　特殊なケース

∠P＝90°（一定）

⇒ 軌跡＝ABを直径とする円

☞点PがAまたはBに重なるとき，∠APBは意味をなさなくなるので，「軌跡」としては除外しなければならない．

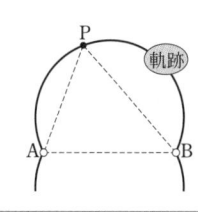

点A 点B ｝○（白丸）で．

▷基本性質 ②
8-02 ＜何が一定か＞を見抜くトレーニング

定…定点　動…動点　?…軌跡を知りたい点

（例1）

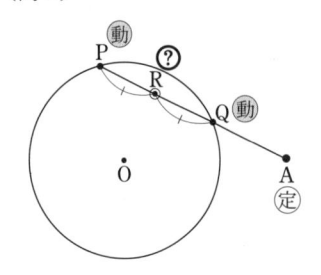

（例2）

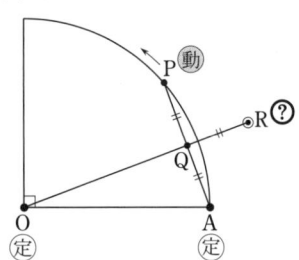

（例3）

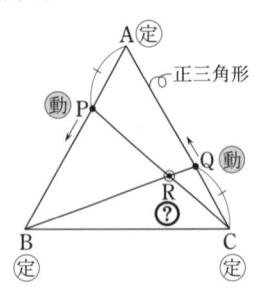

（例4）

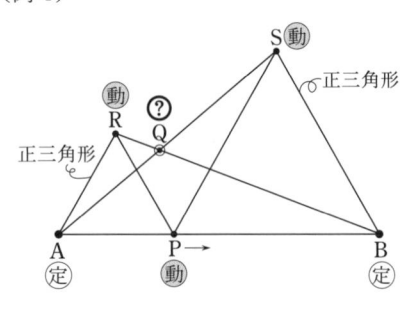

解説.1　OR⊥PQ（※）より，
∠ORA＝90°（一定）

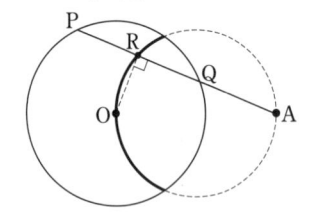

解説.2　OQ⊥AP，AQ＝RQ より，
∠ARO＝45°（一定）

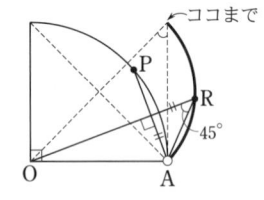

☞「軌跡」は動点が動く範囲（とくに最初と最後）を確認して＜どこからどこまで？＞をチェックすること．

解説.3　△APC≡△CQB（2辺夾角相等）より，
∠RBC＋∠RCB＝∠RCQ＋∠RCB＝60°
∴　∠BRC＝120°（一定）

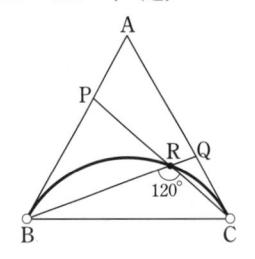

解説.4　△APS≡△RPB（2辺夾角相等）より，
∠ASP＝∠RBP　∴　∠SQB＝∠SPB＝60°
∴　∠AQB＝120°（一定）

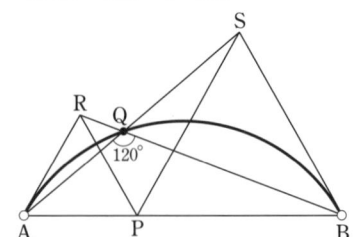

▷基本性質 3

点が動いてできる図形(＝軌跡)以外に，線分・多角形・円なども，動くことによって，動いた跡に図形ができる．

8-03-1 動く図形 その1：線分が通ったあと① (AB)

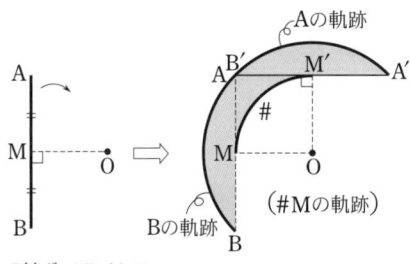

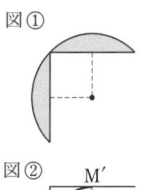

［線分 AB が O を中心に 90°回転する］

線分 AB が通ったあと

▷右の図①は間違い．図②のように，線分 AB 上の点で点 O に一番近いのは点 M であり，M は※の部分を通る．

8-03-2 動く図形 その2：線分が通ったあと② (AB)

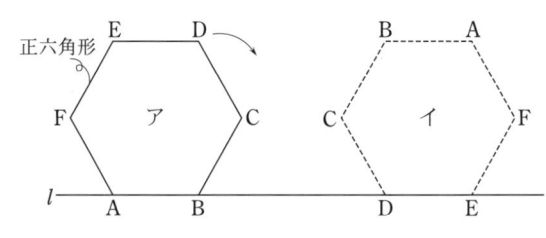

正六角形

［正六角形がアの位置からイの位置まで直線 l 上をすべらずに転がる］

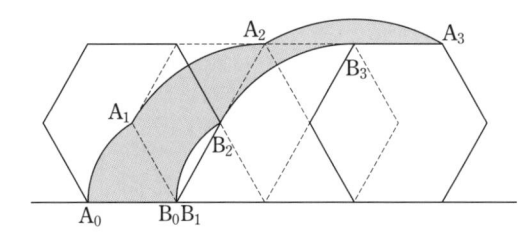

線分 AB が通ったあと…#

＝おうぎ形 PQR (となる)

▷どちらも線分 AB が動くが，
① 回転の中心は一つで，回転の方向も一つ
② 回転の中心が変化し，回転の方向も変化する
という違いがある．
しかし，どちらの場合も

　　(動く点) と (動かない点) があり

この「動かない点」をキャッチする のが＜動くモノ＞を追跡可能にする．

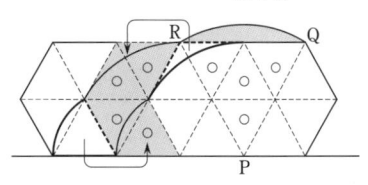

[9] 作図

> コンパスの前に手書き… その心は？

作図問題攻略の鍵となるのは，定規・コンパスの使用法ではなく，各図形の性質に対する正しい知識です．作図の手順は，第一に，手書きで図を描く，第二に，描いた図形に含まれる性質を確認する，第三に，その性質を定規・コンパスで再現すること，です．

▷基本性質 1

9-01 「作図」の意味

作図とは…定規とコンパスだけを用いて図形を描くこと．

2つの道具
- 定規　　…目盛りのない〈直線を引く〉モノ
- コンパス…〈円を描く＋長さを測る(測りとる)〉モノ

☞ 作図の道具として定規を使う場合は，長さを測定するという機能（そのための目盛り）は封印し，与えられた長さを図に移したり，等しい長さをつくるのにはコンパスを用いる．

> 「作図問題」では…〈作図に使った線〉を——作図の過程がわかるように——残しておくのが原則．

9-02 作図の基本

垂直二等分線

[線分 AB の垂直二等分線を引く]

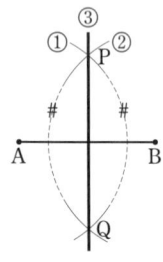

①② A，B を中心として等しい半径の円を描く．

③ 2円の交点 P，Q を結ぶ．

☞ # 途中は省略可．

垂線その1

[直線 l 上の点 O を通り l に垂直な線を引く]

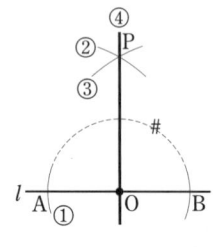

① O を中心とする円を描き，直線 l との交点を A，B とする．

②③ 2点 A，B をそれぞれ中心とする等しい半径の円を描く．

④ 2円の交点 P と O を結ぶ．

垂線その2

[点 P を通り直線 l に垂直な線を引く]

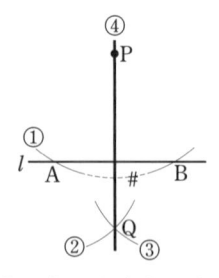

① 点 P を中心とする円を描き，直線 l との交点を A，B とする．

②③ 2点 A，B をそれぞれ中心とする等しい半径の円を描く．

④ 2円の交点 Q と P を結ぶ．

角の二等分線

[∠XOYの二等分線を引く]

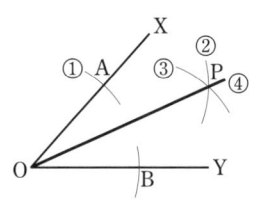

① 点Oを中心とする円を描き，2辺OX，OYとの交点をそれぞれA，Bとする．
②③ 2点A，Bをそれぞれ中心とする等しい半径の円を描く．
④ 2円の交点PとOを結ぶ．（半直線OPを引く）

平行な直線

[点Pを通り直線lに平行な直線を引く]

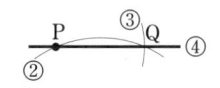

① 点Pを中心とする円を描き，直線lとの交点をA，Bとする．
②③ Bを中心とし半径APの円と，Pを中心とし半径ABの円を描く．
④ 2円の交点QとPを結ぶ．

☞ 前ページの2つの垂線その1・その2を引いてlから等しい長さをとって（コンパスで），2点P，Qを結ぶ…という方法でもよい．

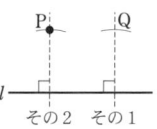

以上5つの作図で，次のことができる．
　垂直と平行，線分の二等分と角の二等分
これらを使った作図の例を以下いくつかとりあげる．

▶基本性質 2

9-03　作図問題攻略の基本ステップ

ある内容[X]の作図
──パッとはわからない── ⇒
Step 1　手書きで**その図[X]を描く**
Step 2　その[X]の中の**図形的性質を確認する**　〔コレが大事！〕
Step 3　その図形的性質を**定規とコンパスでつくる**

（例）接線を引く　　　Step 1 & Step 2　　　Step 3 へ

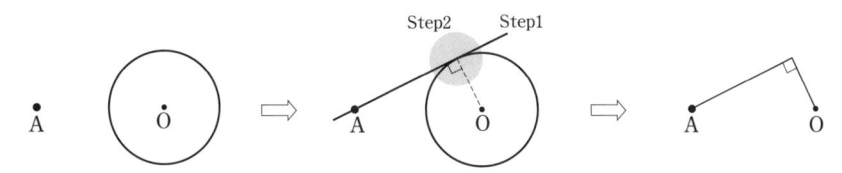

[円O外の点Aを通る円Oの接線を引く]

〈いかに直角をつくるか〉という作図問題に帰着する（☞p.84の（例4））

▷**基本性質** 3

9-04　作図問題：基本例題

（例1）「等距離にある点」の作図

[直線 l 上にあり，2点 A，B から等距離にある点]

（例2）「折り目」の作図

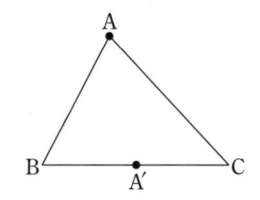

[頂点 A が底辺 BC 上の点 A' に重なるように折り返すときの折り目]

（例3）「円の中心」の作図

[3点 A，B，C を通る円]

（例4）「円の接線」の作図（前ページの例）

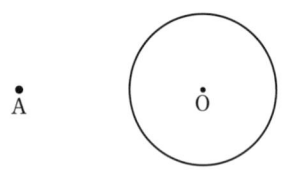

[円 O 外の点 A を通る円 O の接線]

解説.1

（Step 1 & 2）　（Step 3）

[AB の垂直二等分線と直線 l の交点をとる]

解説.2

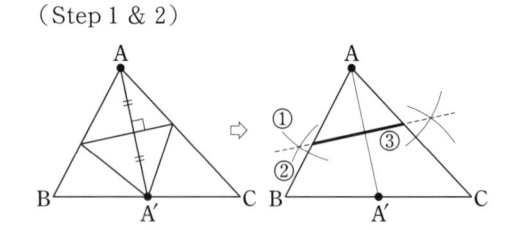

（Step 1 & 2）

[AA' の垂直二等分線を引く]

解説.3 （Step 1 & 2）

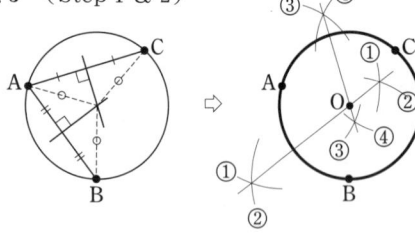

[AB，AC の垂直二等分線の交点 O を中心とし半径 AO の円を描く]

解説.4

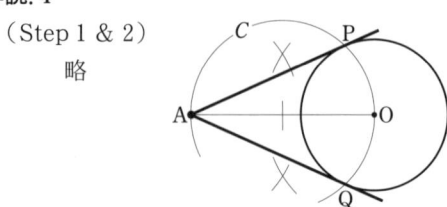

（Step 1 & 2）
略

[AO を直径とする円 C と円 O との交点を P，Q とし，A と P，A と Q を結ぶ]

▶応用テーマ

9-01 等角・倍角を作図する

（例1）

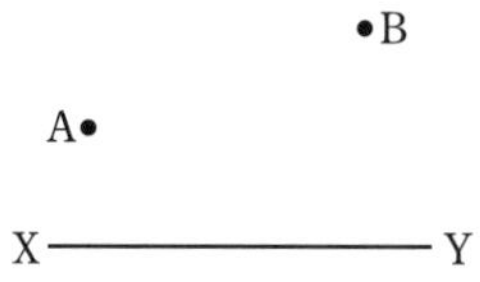

・B

A・

X————————Y

$\begin{bmatrix} \angle APX = \angle BPY \text{ となる} \\ \text{直線 XY 上の点 P の位置} \end{bmatrix}$

（例2）

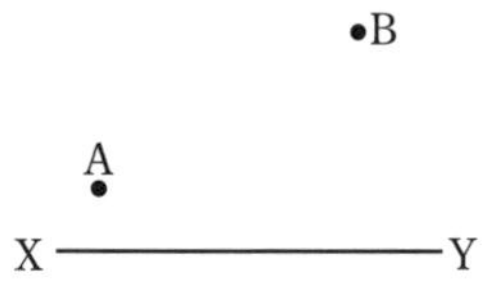

・B

A

X————————Y

$\begin{bmatrix} 2\angle APX = \angle BPY \text{ となる} \\ \text{直線 XY 上の点 P の位置} \end{bmatrix}$

9-02 $\sqrt{n}$ を作図する

（例3）

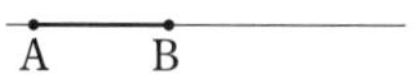

A———B

$\begin{bmatrix} BC = AB \times \sqrt{2} \text{ となる点} \\ C \text{ の位置（B の右側）} \end{bmatrix}$

（例4）

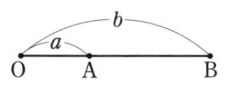

O—A———B

$\begin{bmatrix} OP = \sqrt{ab} \text{ となる点} \\ P \text{ の位置（線分 AB 上）} \end{bmatrix}$

（例1）Step 1 & 2

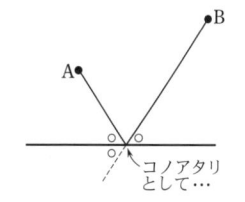

コノアタリとして…

（例2）Step 1 & 2

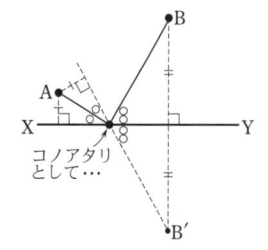

コノアタリとして…

（例3）Step 1 & 2

45°

A B C

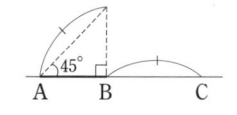

（例4）Step 1 & 2

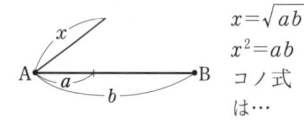

$x = \sqrt{ab}$
$x^2 = ab$
コノ式は…

解説.1

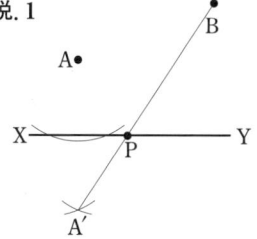

$\begin{bmatrix} \text{XY に関して A と対称な点を} \\ A'.\ A'B \text{ と XY の交点が P.} \end{bmatrix}$

解説.2

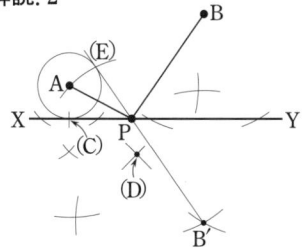

$\begin{bmatrix} B'\text{（XY に関して B と対称な点）} \\ \text{から円 A（中心が A で XY に接} \\ \text{する円）に引いた接線と XY と} \\ \text{の交点が P.} \end{bmatrix}$

☞解説.2の補足（Step 3）

① XY に関して B と対称な点 B' をとる．
② A から XY に垂線 AC を引き，A を中心として半径 AC の円を描く．
③ AB の中点 D をとり，D を中心とし半径 AD の円を描き，円 A との交点を E とする．
④ B'E と XY との交点が P．

解説.3

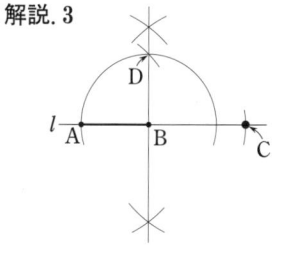

$\begin{bmatrix} B \text{ を中心とし半径 BA の円と} \\ B \text{ における } l \text{ の垂線との交点} \\ \text{を D．AD が求める長さ．} \end{bmatrix}$

解説.4

$\begin{bmatrix} \text{AB の中点を C．AB を直径と} \\ \text{する円と OC を直径とする円} \\ \text{の交点を Q．OQ が求める長さ．} \end{bmatrix}$

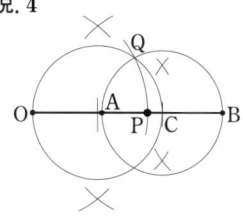

テーマ別最重要項目のまとめ [1]
いろいろな重要定理

証明つきで覚えた定理は使える…

入試でいろいろな定理が扱われる場合，2つのケースがあります．第一は，定理の証明そのものが主要テーマである場合，そして第二は，定理が問題解決において決定的な役割を果たす場合，です．問題解決の道具として使うためには，定理の名前を口にすると同時に証明が思い浮かぶぐらいの深い理解が必要です．

「定理」とは，定義や公理をもとにして証明された事柄のことですが，普通は，証明された事柄のうち，さらにいろいろな事柄の証明に利用される基本的な事柄(基本となるもの)のことをいいます．

高校入試における「定理」の役柄は

［Ⅰ］ 解決のツールとしての定理：「証明抜き」で使うことになる
［Ⅱ］ 証明の対象としての定理：「証明すること」が要求される

の2つに分かれますが，同じ「定理」でも出題校によって扱われ方が違うこともあります．

◂ 定理とは…．
「○○の定理」という名称をもつものだけでなく，図形の基本性質，たとえば
・対頂角は等しい
・三角形の内角の和＝180°
・三角形の合同
・円の諸性質
なども，含める．

定理 01　中点連結定理

△ABC の辺 AB，AC の中点をそれぞれ M，N とすると

$$MN \parallel BC, \quad MN = \frac{1}{2}BC$$

（が成り立つ）

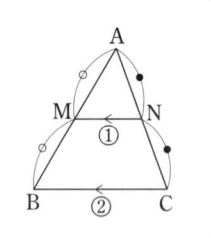

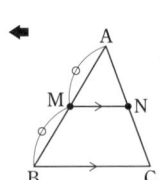

$MN \parallel BC$ のとき
〈N は中点〉
といえる．

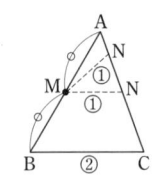

$MN = \frac{1}{2}BC$ のとき
〈N は中点〉
とは限らない．

定理 02-1　角の二等分線定理（内角版）

△ABC の ∠A の二等分線と辺 BC との交点を D とすると

$$BD : DC = AB : AC$$

（が成り立つ）

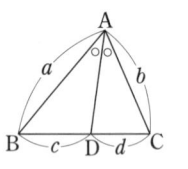

$a : b = c : d$
（ということ）

証明用図の例

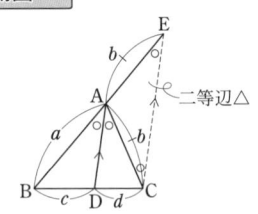

二等辺△

▱ 様々な証明方法がある．

定理 02-2　角の二等分線定理（外角版）

△ABC（AB≠AC）の
∠A の外角の二等分線と辺
BC の延長との交点を D と
すると
　BD：DC＝AB：AC
　　　（が成り立つ）

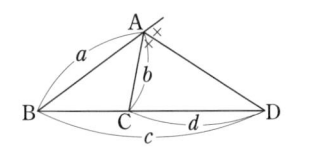

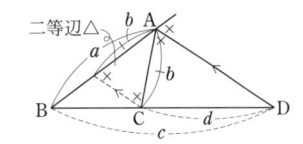

☞内角版と外角版は，顔ツキ（関係式）も性格（図形的性質）も全く同じ．

―――内角版―――
BD：DC＝AB：AC 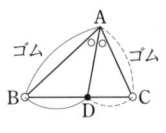
＜Dが中にある＞

―――外角版―――
BD：DC＝AB：AC 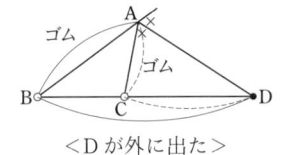
＜Dが外に出た＞

◀左の図の内角版では，A から出てリング B を通って D まで伸びているゴムと，A から出てリング C を通って D まで伸びているゴムがあり…，外角版では，D が三角形の外に出たため，2つのゴムもそれぞれビヨーンと伸びた（ただし，それぞれリング B とリング C を通ったまま）…，ということになっている．

定理 03　角の二等分線の長さ

△ABC の∠A の二等分線と
辺 BC との交点を D とすると，
　$AD^2 = AB \times AC - BD \times DC$
　　　（が成り立つ）

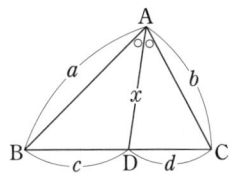

$$x^2 = ab - cd \quad (x = \sqrt{ab-cd})$$
（ということ）

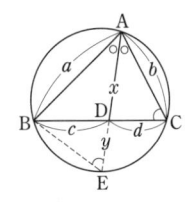

△ABE∽△ADC より
　$a:(x+y) = x:b$
∴　$x^2 + xy = ab$
また方べきの定理より
　$xy = cd$
∴　$x^2 = \cdots$

☞有名定理というわけではないが，難関校受験生にとっては
　超のつく重要性質．

定理 04　接弦定理

円 O の弦 AB と点 A における
接線 AT がつくる角∠BAT の
大きさは，その角の内部に含ま
れる $\overset{\frown}{AB}$ に対する円周角∠ACB
の大きさに等しい．

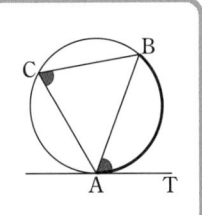

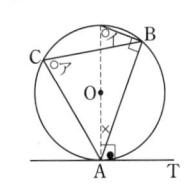

○ア ＝ ○イ
○イ ＋ × ＝ 90°
● ＋ × ＝ 90° ｝より
○イ ＝ ●
∴　…

定理 05-1　方べきの定理 その1

点 P を通る 2 直線が，与えられた円と 2 点 A, B および，2 点 C, D で交わるとき，
$$PA \times PB = PC \times PD \quad (が成り立つ)$$

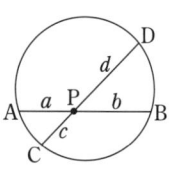

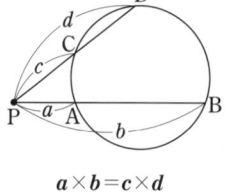

$a \times b = c \times d$　　　$a \times b = c \times d$

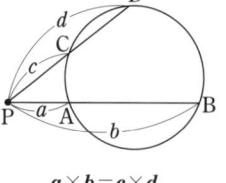

証明用図の例

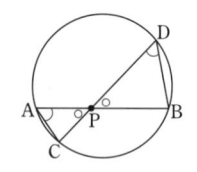

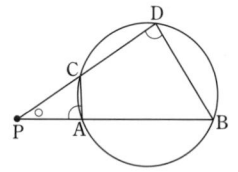

$\triangle PAC \backsim \triangle PDB$ より
$$\frac{PA}{PC} = \frac{PD}{PB}$$
∴ …

定理 05-2　方べきの定理 その2

円の外部の点 P から円に引いた接線の接点を T とする．P を通って，この円と 2 点 A, B で交わる直線を引くと，
$$PA \times PB = PT^2$$
（が成り立つ）

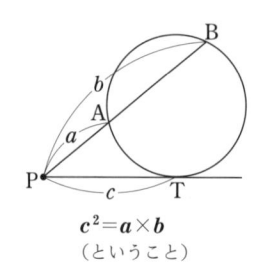

$c^2 = a \times b$ （ということ）

証明用図の例

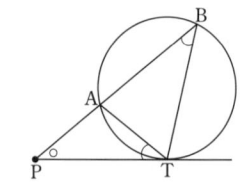

接弦定理（定理 04）より
　∠PTA = ∠PBT ……①
　∠P は共通 ……②
①，②より，△PTA ∽ △PBT
∴ $\dfrac{PA}{PT} = \dfrac{PT}{PB}$
∴ …

☞ 半径 r の円 O と点 P があり，PO = d とするとき，

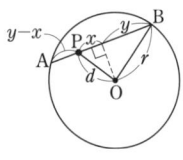

$$d^2 - x^2 = r^2 - y^2$$
$$r^2 - d^2 = y^2 - x^2$$
$$= (y+x)(y-x)$$
$$= PB \times PA$$

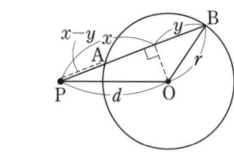

$$d^2 - x^2 = r^2 - y^2$$
$$d^2 - r^2 = x^2 - y^2$$
$$= (x+y)(x-y)$$
$$= PB \times PA$$

（まとめて）$PA \times PB \begin{cases} = r^2 - d^2 \text{（一定）} \\ = d^2 - r^2 \text{（一定）} \end{cases}$ この一定の値を「方べき」という．

（図1）　　（図2）

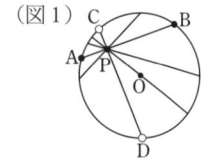

$\left.\begin{array}{l} PA \times PB \\ PC \times PD \\ \vdots \end{array}\right\} = r^2 - d^2$ （一定）
　　　　　（ということ）

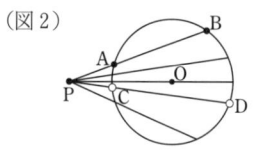

$\left.\begin{array}{l} PA \times PB \\ PC \times PD \\ \vdots \end{array}\right\} = d^2 - r^2$ （一定）
　　　　　（ということ）

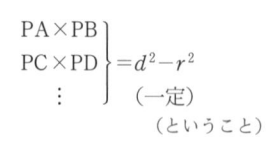

定理 06　メネラウスの定理

△ABC の辺 BC, CA, AB またはそれらの延長が三角形の頂点を通らない直線 l とそれぞれ点 P, Q, R で交わるとき,
$$\frac{AR}{RB} \times \frac{BP}{PC} \times \frac{CQ}{QA} = 1 \text{ （が成り立つ）}$$

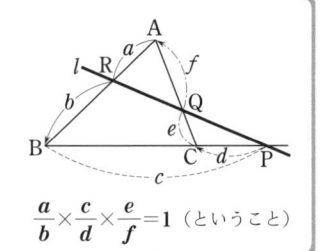

$\dfrac{a}{b} \times \dfrac{c}{d} \times \dfrac{e}{f} = 1$ （ということ）

証明用図の例

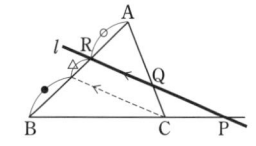

$\dfrac{AR}{RB} \times \dfrac{BP}{PC} \times \dfrac{CQ}{QA} = \cdots$

☞3 点が各辺の延長上にあるときの証明法も確認すべき.

定理 07　チェバの定理

△ABC の 3 頂点 A, B, C と三角形の辺またはその延長上にない点 O とを結ぶ直線が対辺とそれぞれ点 P, Q, R で交わるとき,
$$\frac{AR}{RB} \times \frac{BP}{PC} \times \frac{CQ}{QA} = 1 \text{ （が成り立つ）}$$

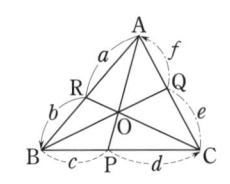

$\dfrac{a}{b} \times \dfrac{c}{d} \times \dfrac{e}{f} = 1$ （ということ）

証明用図の例

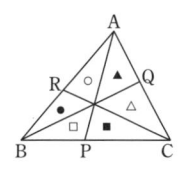

$\dfrac{AR}{RB} = \dfrac{△+▲}{□+■}$

$\dfrac{BP}{PC} = \dfrac{○+●}{△+▲}$

$\dfrac{CQ}{QA} = \dfrac{□+■}{○+●}$

$\dfrac{AR}{RB} \times \dfrac{BP}{PC} \times \dfrac{CQ}{QA} = \cdots$

☞点 O が △ABC の外にあるときの証明法も確認すべき.

定理 08　中線定理（パップスの定理）

△ABC の辺 BC の中点を D とすると,
$$AB^2 + AC^2 = 2(AD^2 + BD^2)$$
（が成り立つ）

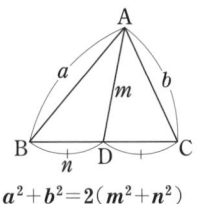

$a^2 + b^2 = 2(m^2 + n^2)$ （ということ）

証明用図の例

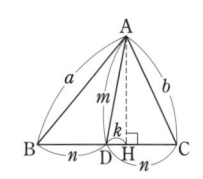

$a^2 - (n+k)^2 = m^2 - k^2$ ……①
$b^2 - (n-k)^2 = m^2 - k^2$ ……②
①+② より, …

定理 09　トレミーの定理

四角形 ABCD が円に内接するとき,
$$AC \times BD = AB \times CD + AD \times BC$$
（が成り立つ）

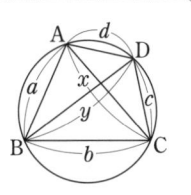

$xy = ac + bd$ （ということ）

証明用図の例

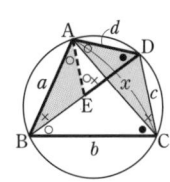

△ABE∽△ACD より, $a : BE = x : c$
∴ $x \times BE = ac$ …①
△ADE∽△ACB より $d : DE = x : b$
∴ $x \times DE = bd$ …②
①+② より, …

テーマ別最重要項目のまとめ[2]
面積を二等分する直線

いろいろな面積の二等分をまとめて覚える,ウム

三角形や四角形の面積を二等分する直線は，図形分野にも出てきますが，数式分野(座標平面)で「直線の式を求める」問題として頻繁に登場します．面積を二等分する直線の性質を，各図形についてまとめて整理し，いつも全体を再確認するように心がけることが，頭に刻み込む最も確実な方法です．

関数の応用問題の一つに「面積を二等分する直線の式」を求めるという頻出テーマがあります．

このテーマについては，
（1） 平面図形としての基本的性質
（2） 座標平面上の図形としての特有な性質
の両方の観点から整理しておくべきです．

ここでは，（1）についてまとめます．

はじめに，準備として，「等積変形」の確認です．

重要テーマ 01 　等積変形

01-1 面積を変えずに三角形の形を変える

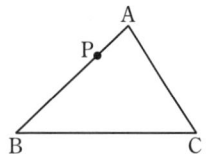

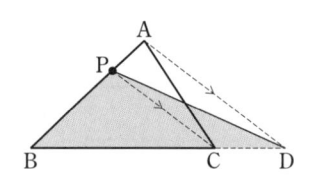

（Pを頂点とする三角形へ）

◀PC // AD より
　△APC＝△DPC
　∴ △ABC
　　＝△APC＋△PBC
　　＝△DPC＋△PBC
　　＝△PBD

01-2 面積を変えずに四角形を三角形に変える

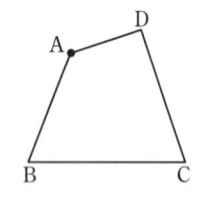

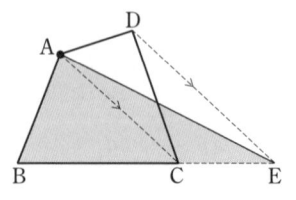

（Aを頂点とする三角形へ）

◀AC // DE より
　△DAC＝△EAC
　∴ ▱ABCD
　　＝△ABC＋△DAC
　　＝△ABC＋△EAC
　　＝△ABE

重要テーマ 02　三角形の面積を二等分する直線

02-1　頂点を通る直線で

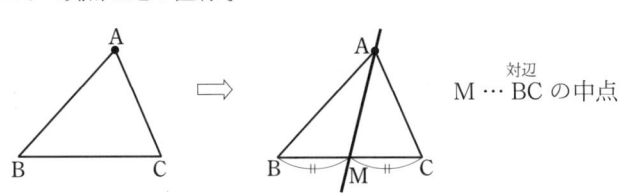

M … BCの中点（対辺）

02-2　辺上の点を通る直線で

[その1]

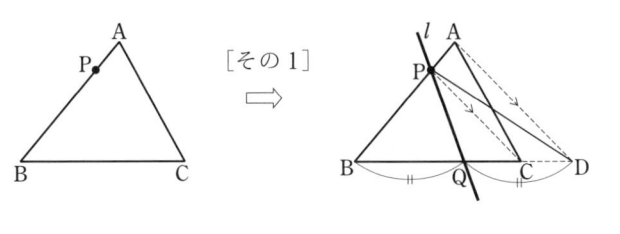

← Step 1 〈平行線〉で **等積変形**
　　　△ABC を △PBD へ
　Step 2 〈中点〉で **面積を二等分**
　　　△PBD を二等分

[その2]

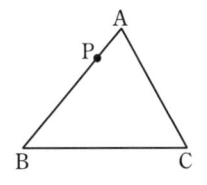

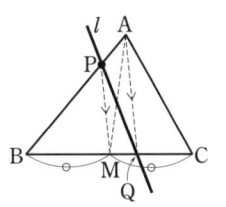

← Step 1 〈中点〉で **面積を二等分**
　　　△ABC を二等分
　Step 2 〈平行線〉で **等積変形**
　　　△ABM を △PBQ へ

[計算上のQの位置]

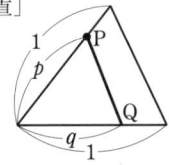

$p \times q = \dfrac{1}{2}$

(例) $\dfrac{3}{4} \times \dfrac{2}{3} = \dfrac{1}{2}$

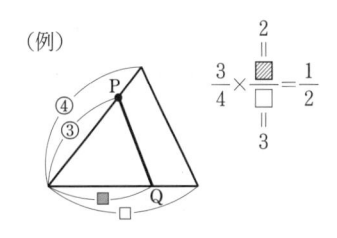

02-3　辺に平行な直線で

[計算上のPの位置]

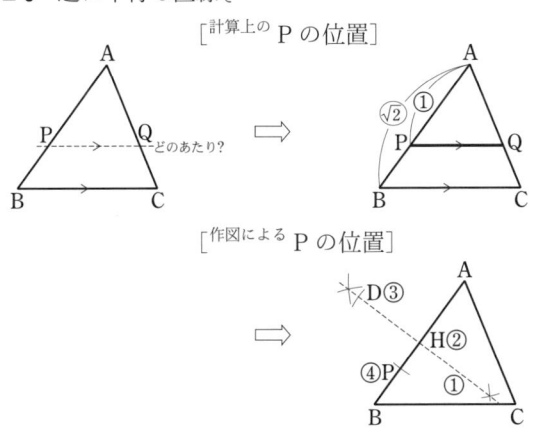

[作図によるPの位置]

← ①…ABの垂直二等分線を引く
　②…①とABの交点をHとする
　③…AH＝DH となる D をとる
　④…AD＝AP となる P をとる

重要テーマ 03 四角形の面積を二等分する直線①

03 普通の四角形 ——頂点を通る直線で

[その1]

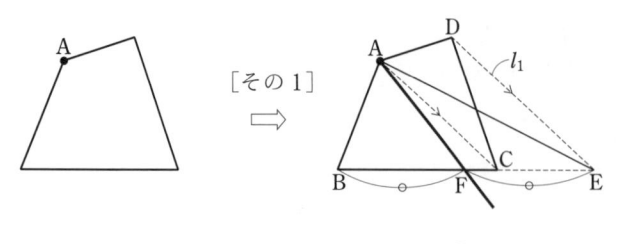

◀ Step 1 〈平行線〉で **等積変形**
　　　　　□ABCD を △ABE へ
　Step 2 〈中点〉で **面積を二等分**
　　　　　△ABE を二等分

[その2]

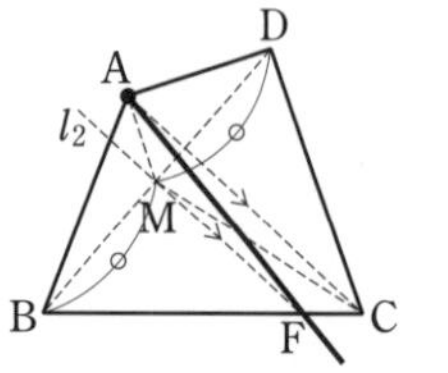

◀ Step 1 〈中点〉で **面積を二等分**
　　　　　□AMCD＝$\frac{1}{2}$□ABCD
　Step 2 〈平行線〉で **等積変形**
　　　　　□AMCD
　　　　　＝△AMC＋△ACD
　　　　　＝△AFC＋△ACD
　　　　　＝□AFCD

☞ 辺上の点を通る直線で二等分する場合は，その点を頂点とする三角形に変形してから二等分．

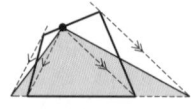

重要テーマ 04 四角形の面積を二等分する直線②

04 平行四辺形グループ ——外部の点を通る直線で
（平行四辺形・ひし形・長方形・正方形の4つ）

◀ 平行四辺形 ABCD の
・対角線 AC・BD の交点 O
　　　∥
（同じことだが）　点対称
・AC の中点 O　である
・BD の中点 O　図形の
　　を通る　　　(中心)
を通る

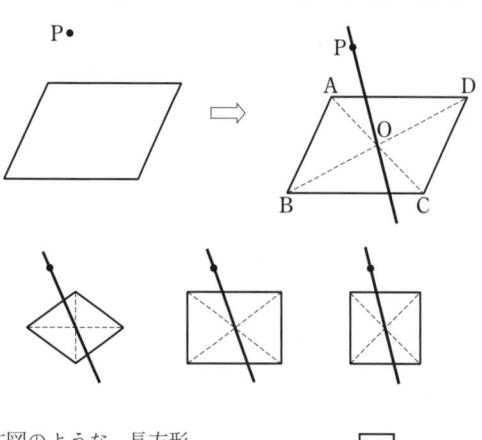

☞ 右図のような，長方形から長方形を切り落とした図形についても同じこと．

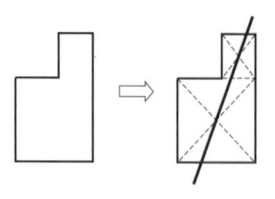

◀

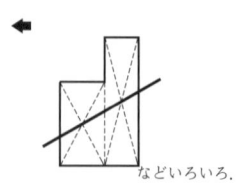

などいろいろ．

重要テーマ 05　四角形の面積を二等分する直線③

05-1　台形——外部の点を通る直線で

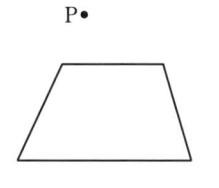

[その1]

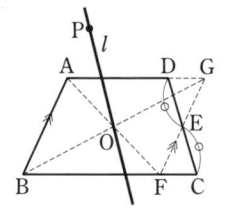

◀ Step 1　〈平行線〉で 等積変形
　「台形」を「平行四辺形」に
　Step 2　平行四辺形を二等分する

[その2]

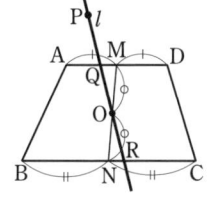

◀ M … AD の中点
　N … BC の中点
　O … MN の中点
　□ABNM＝□DCNM
　△MOQ＝△NOR ）より
　□ABRQ＝$\frac{1}{2}$□ABCD

[その3]

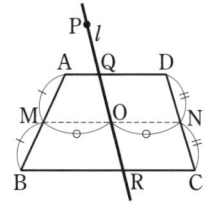

◀ M … AB の中点
　N … DC の中点
　O … MN の中点
　$\frac{1}{2}$(AQ+BR)＝$\frac{1}{2}$(DQ+CR)
　　‖　　　　　　　‖　より
　　MO　　　　　　NO
　□ABRQ＝□DCRQ
　　　　＝$\frac{1}{2}$□ABCD

☞ このテーマは，外部の点Pを通る直線が台形の上底と下底を通る場合に限られる．

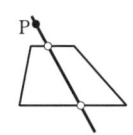

05-2　台形——上底・下底に平行な直線で

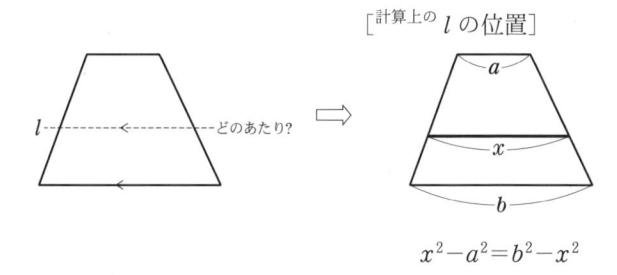

[計算上の l の位置]

l ←----- どのあたり？

$x^2-a^2=b^2-x^2$

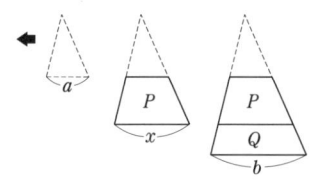

◀
$a^2\ :\ x^2\ :\ b^2$

$P=x^2-a^2,\ Q=b^2-x^2$

☞ 五角形について問われる可能性があるのは〈頂点を通って二等分する直線〉なので，四角形から三角形への等積変形と同じ操作を2回して三角形にすればよいことになる．

テーマ別最重要項目のまとめ [3]
折り返し図形

> 折り返す前と後を比べることというワケね！

図形を折り返すと，折り目に関して対称な位置に図形がそのまま移動します．そこで，折り返し図形で大事なのは，折り返す前の図形と折り返した後の図形には〈同じ長さ・同じ角度〉がある，すなわち合同な図形があるということ，さらに〈同じ角度〉が移ることから相似な図形が出現するということです．

折り紙に代表される折り返し図形には，実に多くの図形的性質が含まれています．入試に登場する重要性質を確認します．

重要テーマ 06　折り目＝垂直二等分線

06-1　折り返し図形の作図
　　――A が A′ に重なるように折る――

（例1）（正方形）

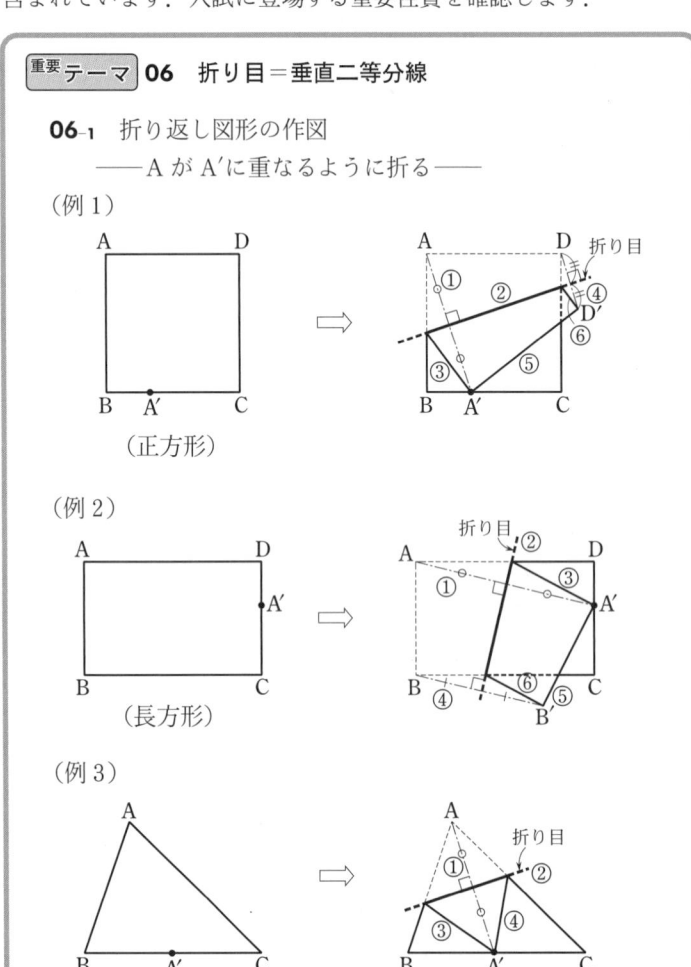

（例2）（長方形）

（例3）

◀ D′ の位置は，次のような手順で確定することもできる．

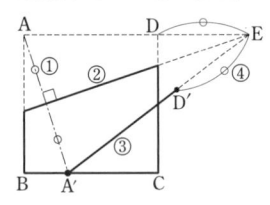

いずれにしても…

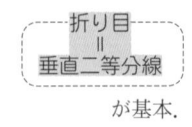

　折り目
　　＝
　垂直二等分線

が基本．

06-2　正方形の折り目

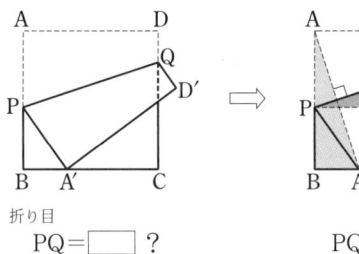

PQ = ☐ ?

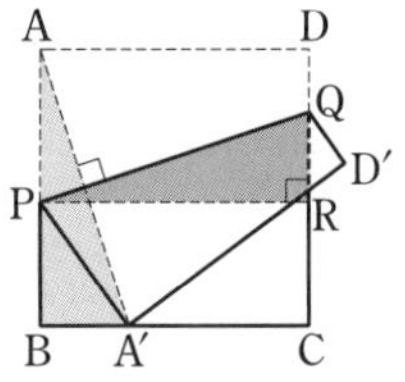

PQ = AA'

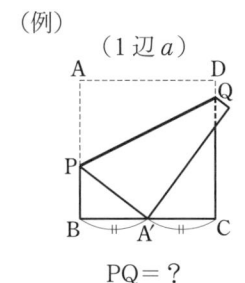

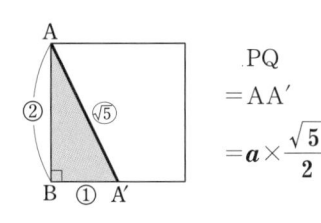

← △ABA' ≡ △PRQ より，AA' = PQ

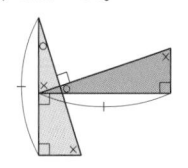

☞ **02**-04（p.13）参照．

（例）（1辺 a）

PQ = ?

$$PQ = AA' = a \times \dfrac{\sqrt{5}}{2}$$

← 中点でなくても…

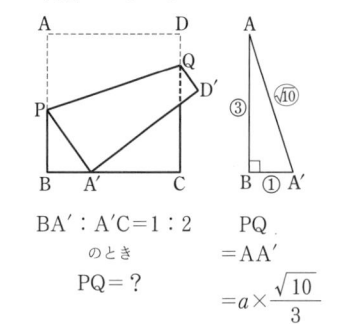

BA' : A'C = 1 : 2 のとき　PQ = ?

$$PQ = AA' = a \times \dfrac{\sqrt{10}}{3}$$

重要テーマ 07　長方形の折り返し

07-1　重なり＝二等辺三角形

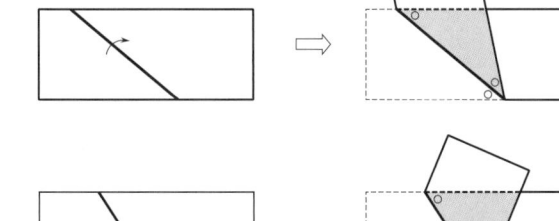

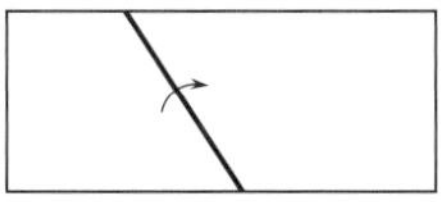

…二等辺三角形

← 平行四辺形でも同じ．

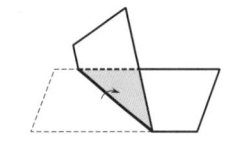

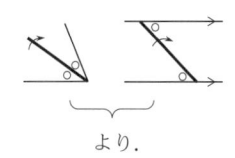

より．

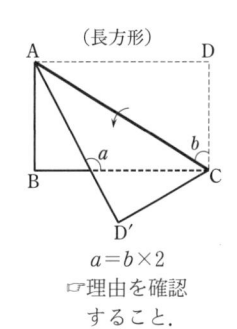

07-2

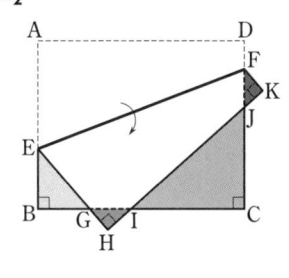

△EBG
△IHG
△ICJ
△FKJ
⎫相似

（長方形）

$a = b \times 2$
☞ 理由を確認すること．

95

重要テーマ 08　正方形の折り返し

08-1　$30°\cdot 60°_{etc}$ をつくる折り返し

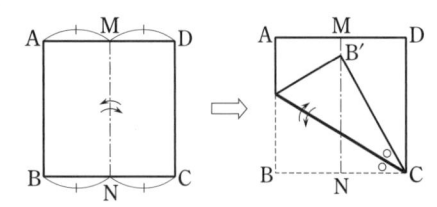

B が MN 上の点 B′ に重なるように折ると…
$\circ = 30°$

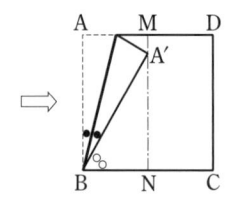

← △B′BC は正三角形となる．

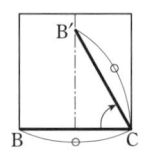

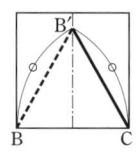

（折り返したから）
$BC = B'C$

（対称だから）
$B'B = B'C$

A が MN 上の点 A′ に重なるように折ると…
$\bullet = 15°$
$\circ\circ = 60°$

← 同様に，△A′BC は正三角形になる．

08-2　入試頻出　正方形の折り返し①

（1辺8cm）

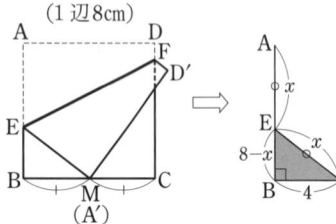

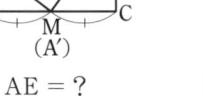

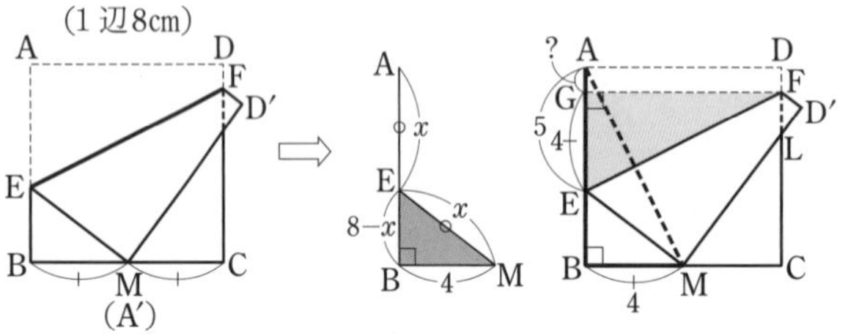

AE = ?
D′F = ?

$(8-x)^2 + 4^2 = x^2$ より $x(=AE) = 5$

D′F = DF = AG = 5 − 4 = **1**
（∵　GE = BM より）

☞ GE = BM であることを知らなければ（気づかなければ），△EBM ∽ △MCL ∽ △FD′L を利用して D′F を求めることになる．

← 次のようになっている．

（1辺 a）

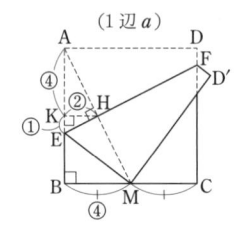

△ABM ∽ △AKH ∽ △HKE
KE = ① とすると，
KH = ②
AK = BM = ④
D′F = DF = AG = ①
∴　$AG = \dfrac{1}{8}a$

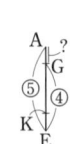

08-3　入試頻出　正方形の折り返し②

（1辺 a）

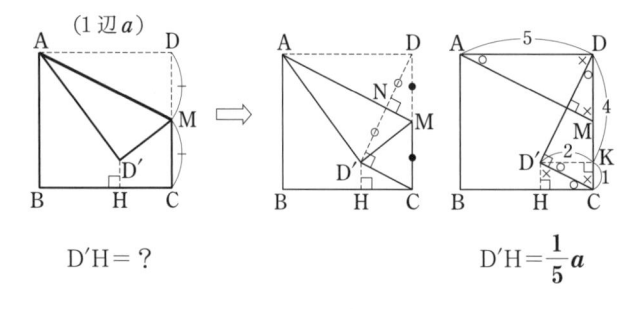

D′H = ?

$D'H = \dfrac{1}{5}a$

← 中点（M，N）連結定理より
MN ∥ CD′
∴　∠DD′C = 90°
CK = 1 とすると
D′K = 2，KD = 4
よって，AD = 5
（となっている）

96

重要テーマ 09　三角形の折り返し

09-1 正三角形の折り返し

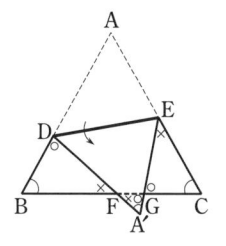

△BDF
△A′GF 相似
△CGE
(○+×=120°)

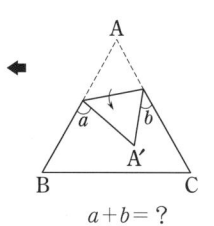

$a+b=?$

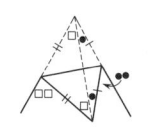

$?=120°$
∴ $(□+●)×2$

09-2 三角形の折り返し

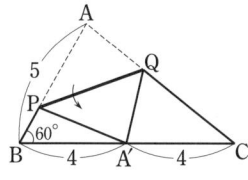

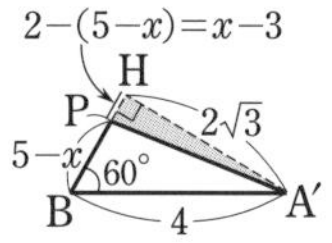

$2-(5-x)=x-3$

AP=A′P $=x$ とする.
BH=2
A′H=$2\sqrt{3}$
PH=$x-3$

AP=?　　$(x-3)^2+(2\sqrt{3})^2=x^2$ より　$x=\dfrac{7}{2}$

重要テーマ 10　円の折り返し

10-1 構造その1

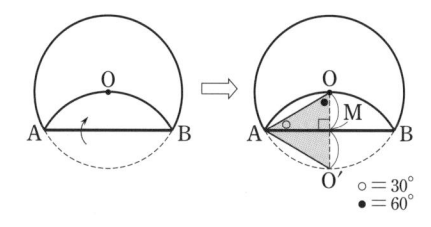

△OAO′
　…正三角形
△OAM
　…30°定規形

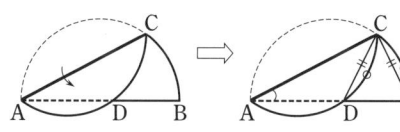

○=30°
●=60°

△CDB
　…二等辺三角形

◀「構造」…折り返された円がもつ性質(これを確認せよ,という意味).

10-2 構造その2

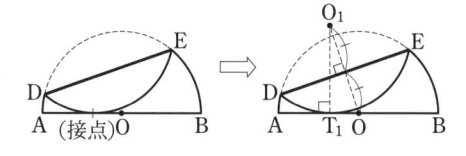

O_1 …弧 DT_1E の中心

◀DE は,l 上を転がる等円と半円 O が交わってできる線分.

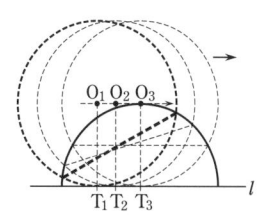

テーマ別最重要項目のまとめ [4]

最短コース

最短コースは直進する道！

最短コース・最短距離がテーマの問題は高校入試頻出テーマの一つです．作図のメインテーマは，「対称な点」および「直進が最短」ということです．＜光が反射しながら目的地まで進む道のりは，目的地まで直進する道のりと同じ＞ということを利用して，最短コースを作図し最短距離を計算をします．

図形の応用的なテーマの中でも最重要ともいえるこの「最短コース（最短距離）」のエッセンスをまとめておきます．

AP＋BP を最小にする P の位置は？

A から出た 光 が P で反射して B に至るコースは？

と同じ内容なので…

このテーマを「1 回反射」と呼ぶことにします．

◀ 最短のコースが決まれば，最短距離は確定するので，
  最短コースの作図法
  という観点からまとめます．

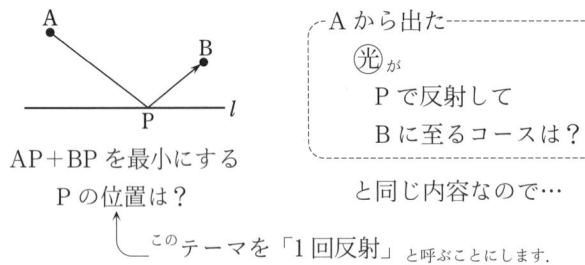

重要テーマ 11　最短コース：平面版

11-1　1 回反射

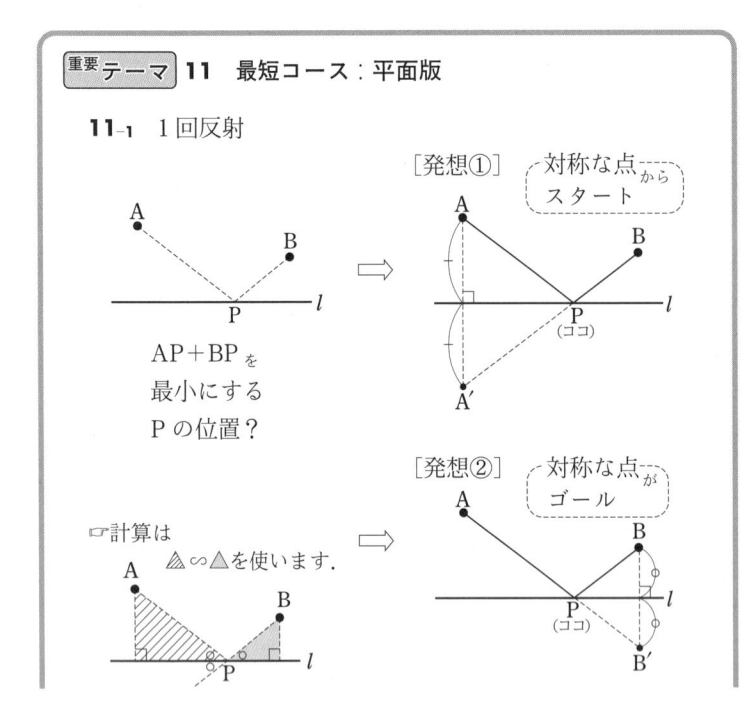

AP＋BP を最小にする P の位置？

[発想①] 対称な点からスタート

[発想②] 対称な点がゴール

計算は △∽△ を使います．

◀ 根拠を示すことができるようにしておくべき．

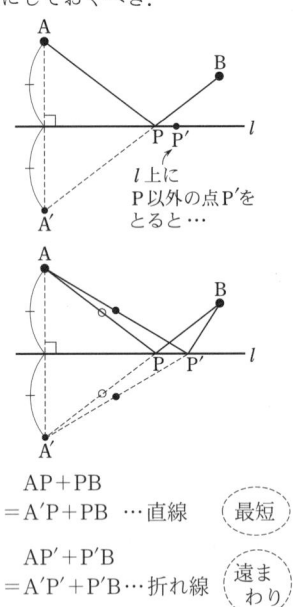

l 上に P 以外の点 P′ をとると…

AP＋PB
＝A′P＋PB …直線　（最短）

AP′＋P′B
＝A′P′＋P′B …折れ線　（遠まわり）

98

11-2 2回反射

[発想①]

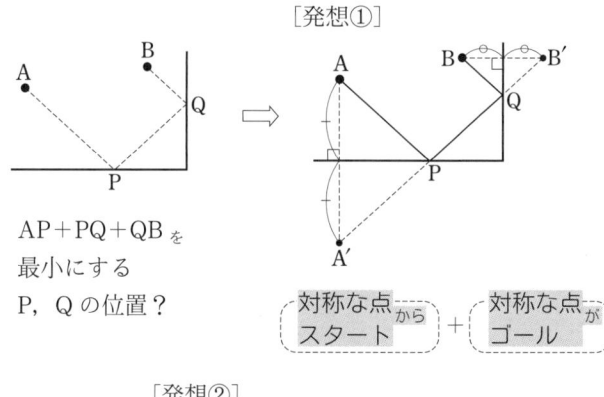

AP＋PQ＋QB を最小にする P, Q の位置？

対称な点から スタート ＋ 対称な点が ゴール

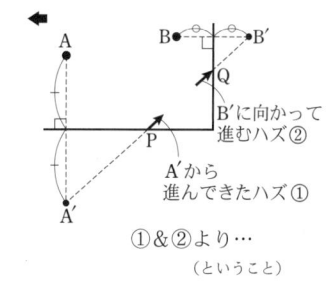

①＆②より…
（ということ）

[発想②]

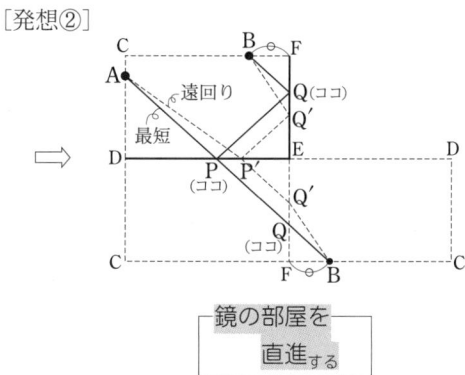

2つのコース
- 点線…最短でない仮のコース
  AP′＋P′Q′＋Q′B … 折れ線
- 実線…最短のコース
  AP＋PQ＋QB … 直線
（となっている）

鏡の部屋を直進する

11-3 2回反射（応用例）

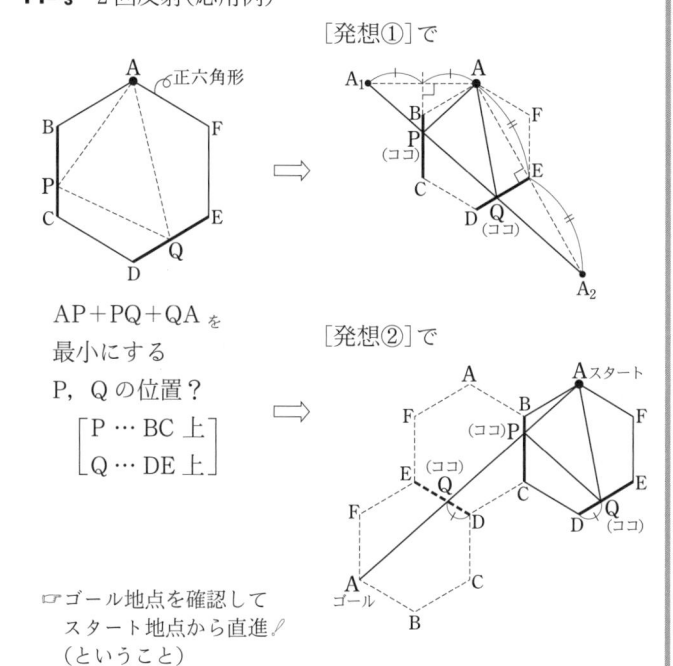

正六角形

AP＋PQ＋QA を最小にする P, Q の位置？
- P … BC 上
- Q … DE 上

[発想①]で

[発想②]で

☞ ゴール地点を確認してスタート地点から直進
（ということ）

◀ 正六角形内の反射も2つの作図が可能．反射回数が多い場合は，〈鏡の部屋を直進する〉ように作図するほうが簡単．

◀ P, Q の位置は…

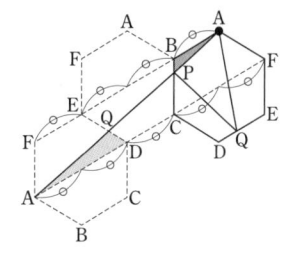

BP＝① とすると
　左の正六角形の FA＝④
　∴ BP：PC＝1：3
DQ＝② とすると
　右の正六角形の FA＝⑤
　∴ DQ：QE＝2：3

99

11-4　「残り」を直進

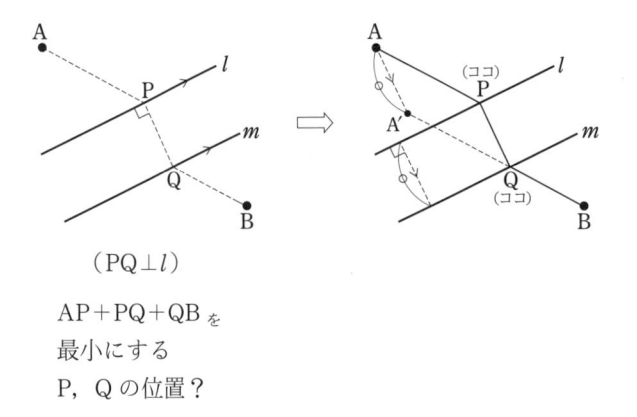

（PQ⊥l）

AP＋PQ＋QB を
最小にする
P，Q の位置？

◀ l と m を水平に並べてもテーマは同じ．

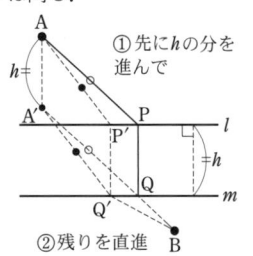

①先に h の分を進んで
②残りを直進

☞ P，Q でない P′，Q′ をとると，残りが A′Q′＋Q′B（折れ線）となり，最短でなくなる．

重要テーマ 12　最短コース：立体版（角柱・角すい）

◀ 立体の表面を通る最短コースの確定には，展開図が必要．基本タイプは，辺上の通過点がテーマ．

12-1　角柱の表面上で（基本）

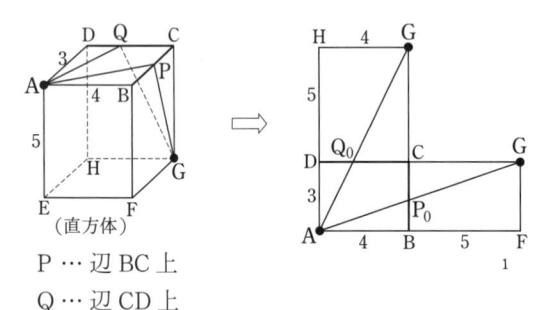

（直方体）

P … 辺 BC 上
Q … 辺 CD 上

AP＋PG を最小にする P の位置？　⟹　P_0
AQ＋QG を最小にする Q の位置？　⟹　Q_0

12-2　角すいの表面上で

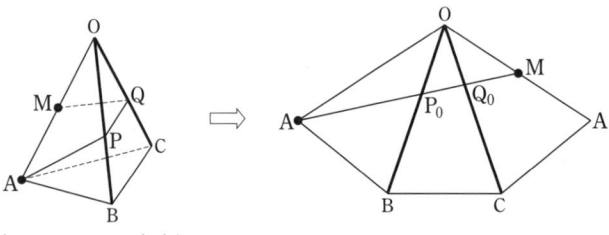

（M … OA の中点）

AP＋PQ＋QM を
最小にする
P，Q の位置？　⟹　P_0，Q_0

◀ 1周より多くまわると…

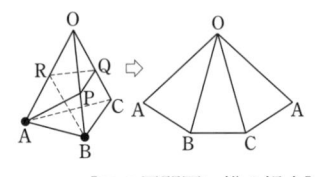

［この展開図に描く場合］

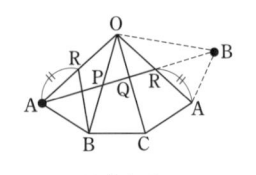

こうなる．

12-3 角柱の表面上で（応用）

$\begin{pmatrix} P\cdots 面\ EFGH\ 上 \\ Q\cdots 面\ BFGC\ 上 \end{pmatrix}$

AP＋PQ＋QR を
最小にする
P, Q の位置？

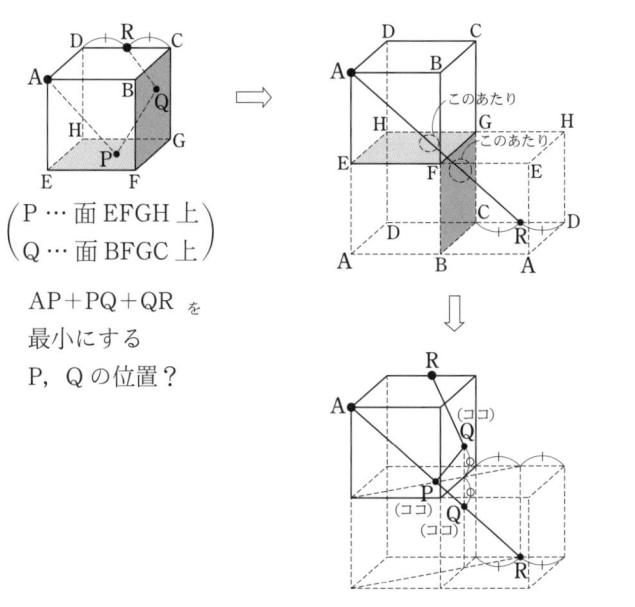

◀00 年ラサール高の出題で，大きな流れの中でとらえると，最短コース立体版の新タイプを代表しているといえる．
　対称な点をとって作図してもよい．

重要テーマ 13　最短コース：立体版（円すい）

13-1 円すいの側面上で（1巻き）

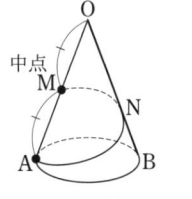

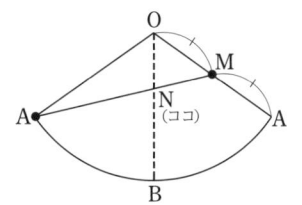

1 巻きしたひもAM が
最短となる
N の位置？

◀これも，側面の展開図が不可欠．

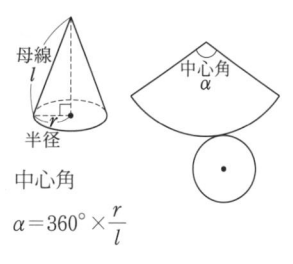

母線 l
半径 r
中心角 α

中心角
$\alpha = 360° \times \dfrac{r}{l}$

13-2 円すいの側面上で（2巻き）

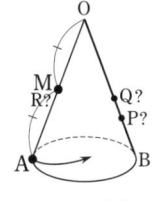

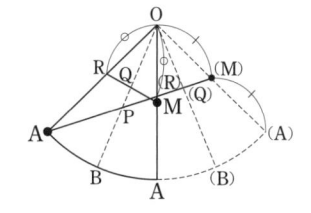

2 巻きしたひもAM が
最短となる
P, Q, R の位置？

⌐側面が上の展開図の場合
ひもは交差することになる．

◀中心角の大きさによって，巻きつき方が変わる．

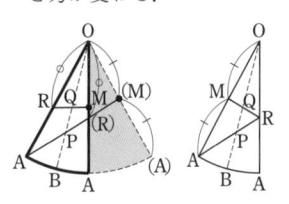

なお，上右図のように R と M を結んではいけない．左図の網目部分を回転させて太線部分に重ねる．

テーマ別最重要項目のまとめ[5]

影の作図

合同と相似を使い分けて影を追う，ウム

影には，太陽光がつくる影と光源がつくる影の，2種類あります．太陽光が発する光線は平行光線であるため，影の基本は合同であるのに対し，光源が発する光線は拡散光線であるため，影の基本は相似(拡大された相似形)です．影を攻略するための最重要課題は作図の手順をマスターすること，です．

「影」の作図法の基本を整理しておきます．

重要テーマ 14　太陽光線がつくる影 その1

14-1　正方形の影——地面へ——

$\angle\alpha < 45°,\ =45°,\ >45°$（どの場合も…）

影＝正方形

◀地面と平行な位置関係にある正方形の板の影について，ということ．

▫平行でなくても作図法は同じ．

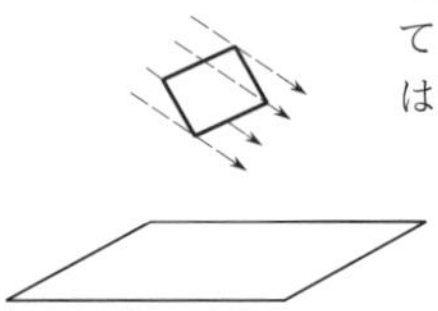

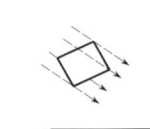

14-2　正方形の影——壁へ——

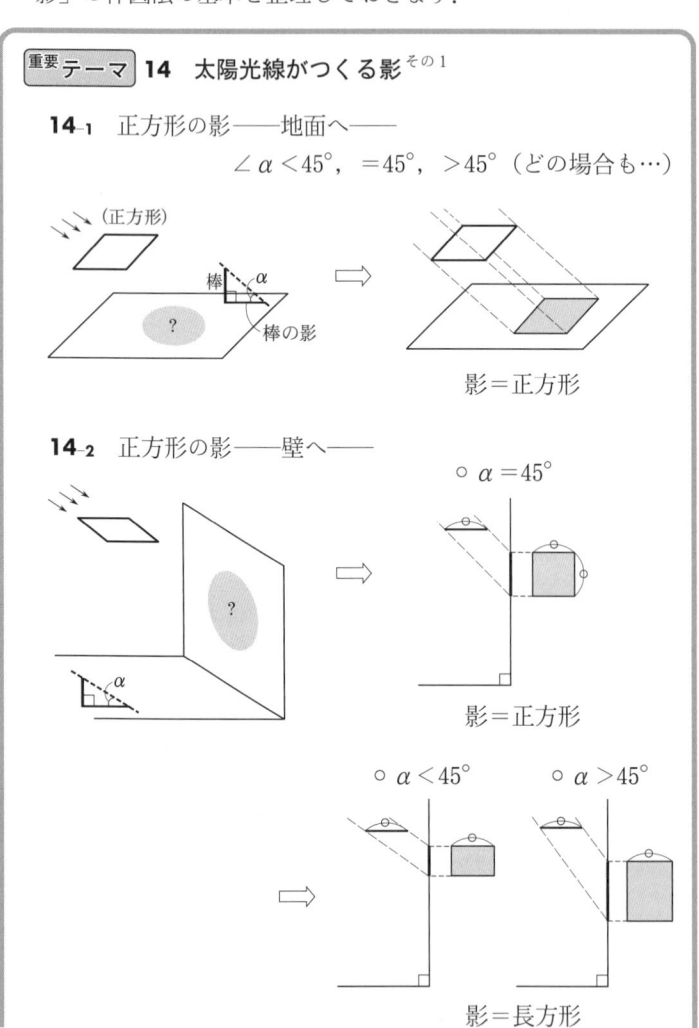

○ $\alpha = 45°$

影＝正方形

◀

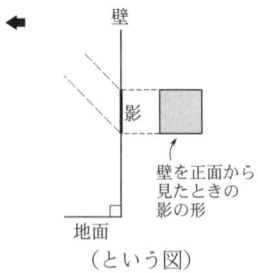

壁
影
地面
（という図）

↳壁を正面から見たときの影の形

○ $\alpha < 45°$　　○ $\alpha > 45°$

影＝長方形

◀右図のようになっている．

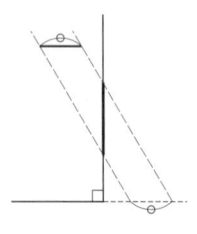

14-3 正方形の影——地面＋壁へ——

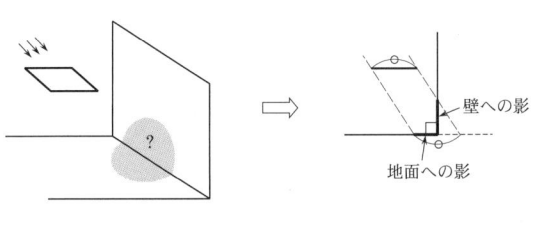

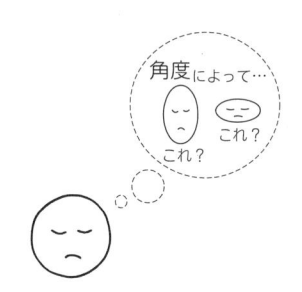

☞円の場合も正方形の場合と同じ．
地面にうつる影は同サイズの円で，壁にうつる影は円かだ円になる．

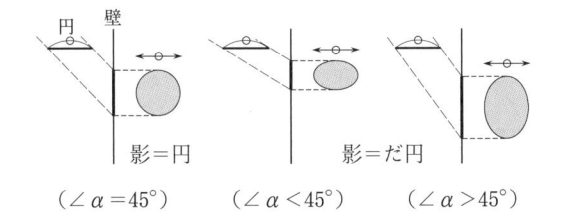

影＝円　　影＝だ円
（∠α＝45°）　（∠α＜45°）　（∠α＞45°）

重要テーマ 15 太陽光線がつくる影 その2

15-1 角柱の影（例1）

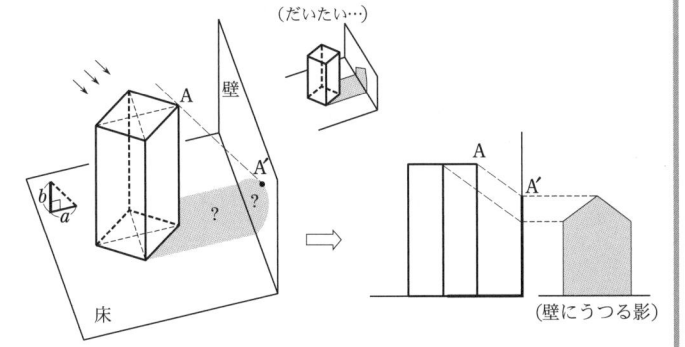

（だいたい…）

（壁にうつる影）

◀壁にうつる影の面積は，壁がないときに床にうつるはずの部分（S）の $\dfrac{b}{a}$（倍）になる．

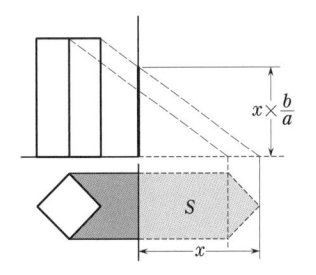

$x \times \dfrac{b}{a}$

15-2 角柱の影（例2）

（ま横から）

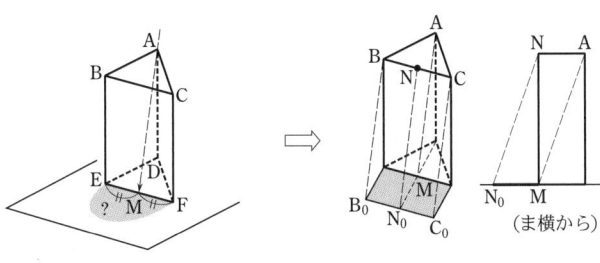

影＝長方形

◀三角形の影が長方形の影の中に入っている．

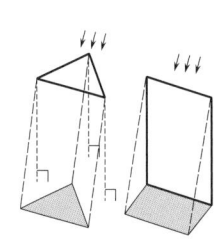

重要テーマ 16 光源がつくる影 その1

16-1 棒の影——垂直に立つ棒の影——

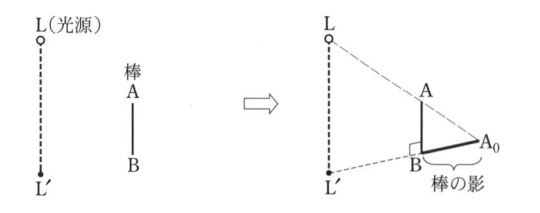

◀光源と棒の先端を結ぶ直線 l が地面につきささる点が「棒の影の先端」になるのは当然だが，その点は…

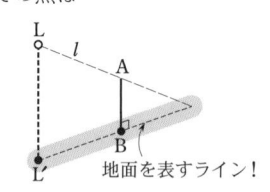

光源の根元 L' と棒の根元を結ぶ線（＝**地面を表すライン**）と直線 l との交点．

16-2 棒の影——斜めに立つ棒の影——

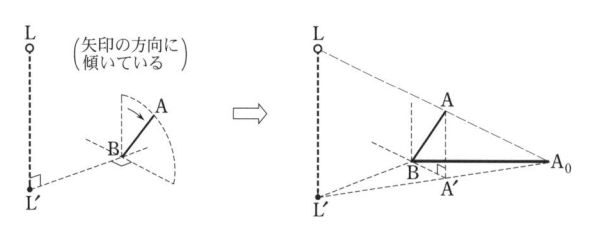

◀図の $A_0 L'$ が「地面を表すライン」となる．

重要テーマ 17 光源がつくる影 その2

17-1 直方体の影

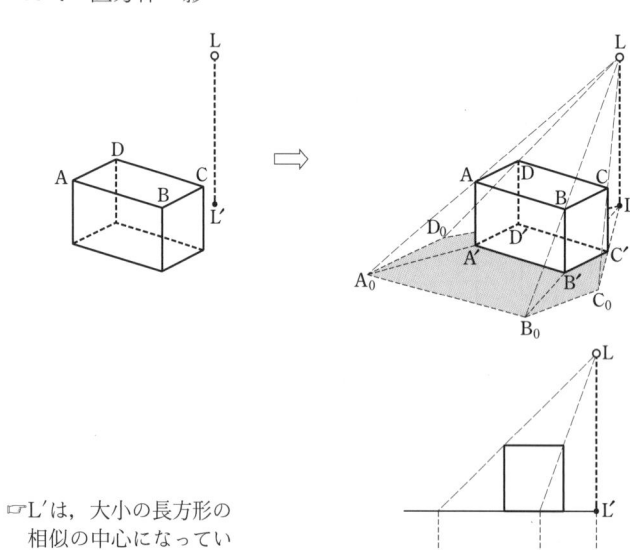

◀4本の棒 A，B，C，D の影を作図すれば，影の形状がわかる．

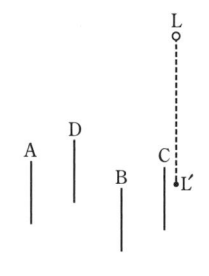

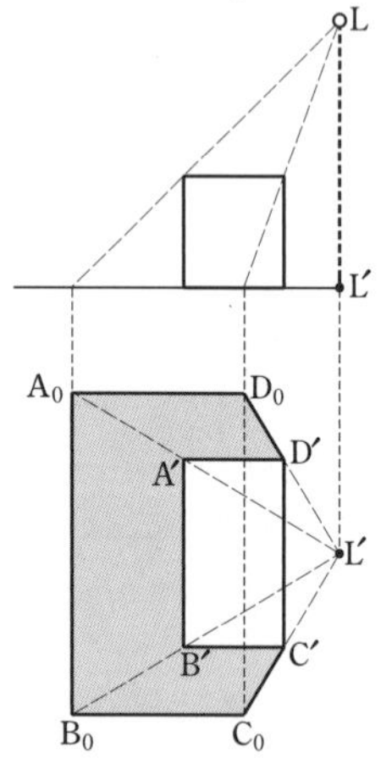

☞ L' は，大小の長方形の相似の中心になっている．

◀右図の，2本のたてのラインが，直方体の頂点が影として地面にうつる点の位置を確定する．

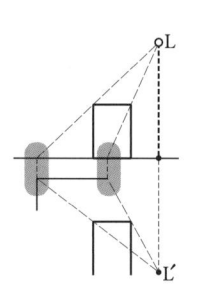

17-2 円柱がつくる影

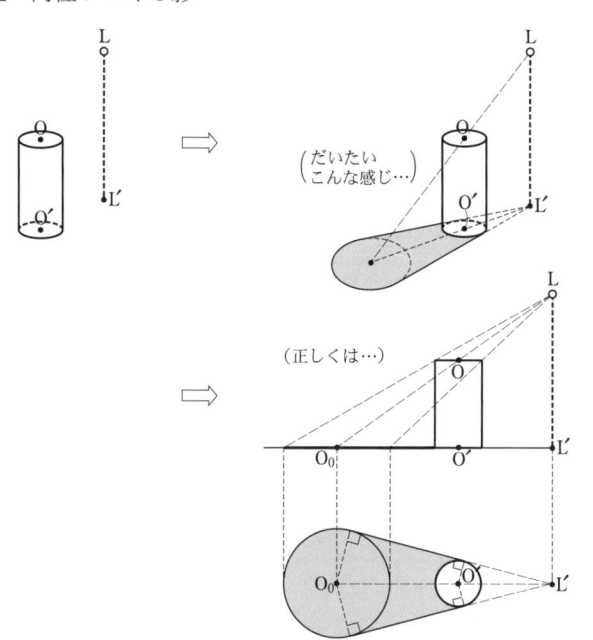

◀ 円柱の上面の半径を r, 地面にうつるその影の大円の半径を R, 円柱の高さを h, 光源の高さを l とすると…

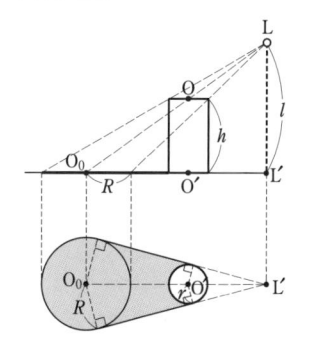

$r : R = \mathrm{LO} : \mathrm{LO_0}$
$ = (l-h) : l$
となっている.

17-3 合成立体がつくる影

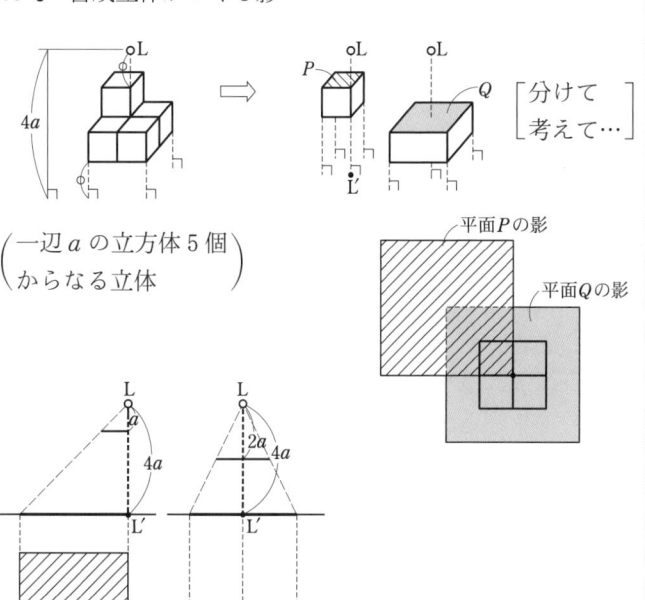

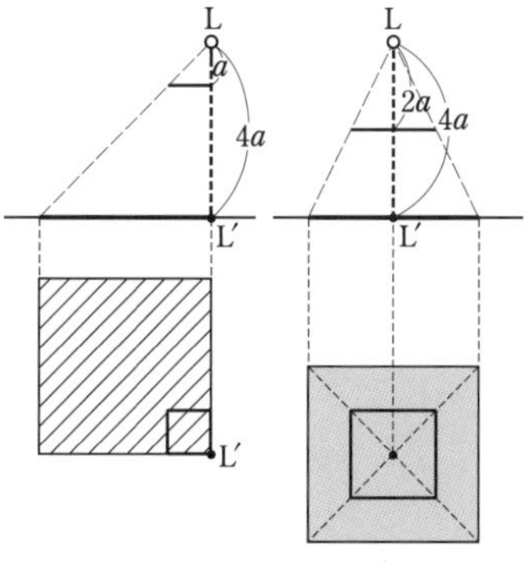

（一辺 a の立方体5個からなる立体）

◀ 空中に浮いている立体の影について作図するのですが, L から放射状に何本も引いていくと…

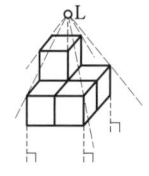

大変な作業になってしまう.

> 光源が
> 頭上なら
> 相似拡大だけ
> ということね

テーマ別最重要項目のまとめ[6]

図形の最大・最小

最大・最小
は
円がらみ？
ということ…

大学入試数学での最大・最小は数式処理で大半が解決するのですが，高校入試数学での最大・最小は，ほとんどが図形の性質に関連するものです．とくに，円に関する「最大・最小問題」が数多く出題されるので，典型問題における着眼のポイントを円の性質と関連させてマスターすることが攻略の決め手です．

図形(長さ・面積など)の最大・最小に関する重要テーマをまとめておきます．

◀最大・最小の値を求めるのではなく，最大・最小となる位置を確定するという観点から整理します．
　(定)…「定点」
　(動)…「動点」
を表します．

重要テーマ 18　＜長さ＞の最大値・最小値

18–1　直線までの距離

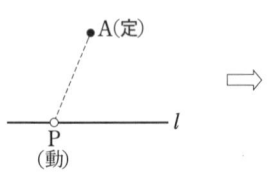

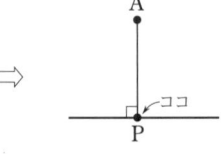

AP が最小となる P の位置？

18–2　3点を結ぶ線分

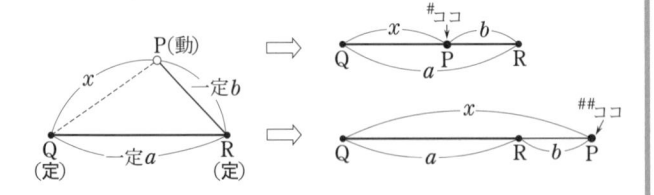

x を最小にする P の位置？…#
x を最大にする P の位置？…##

―三角形の3辺は―三角形の成立条件として―
$b \sim c < a < b+c$
　(差)　　　(和)
(という関係をもつ)

◀点 P が動いている場合…
3点 P, Q, R が
　一直線上に
　　{ない場合…ケース1
　　{ある場合…ケース2
(ケース1)
　$a \sim b < x < a+b$
　　(三角形の成立条件)
(ケース1・2)
　$a \sim b \leq x \leq a+b$
　となり
x の最小値 $= a \sim b$
　　　(差)
x の最大値 $= a+b$
　　　(和)
となる．

重要テーマ 19　円周上の点がつくる長さ

19-1　基本①

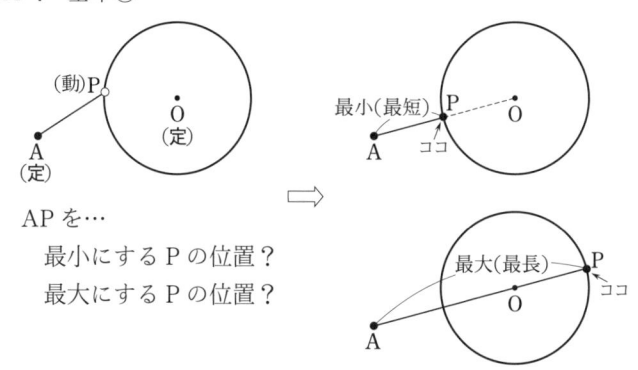

AP を…
　最小にする P の位置？
　最大にする P の位置？

◀ メインテーマは,「円」がつくり出す＜最大・最小＞問題.

19-2　基本②

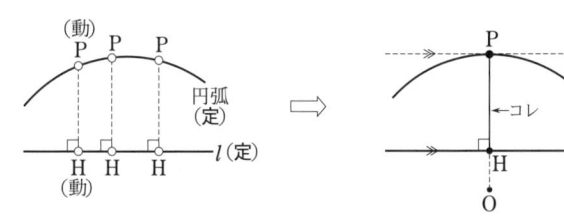

最大となる PH は？

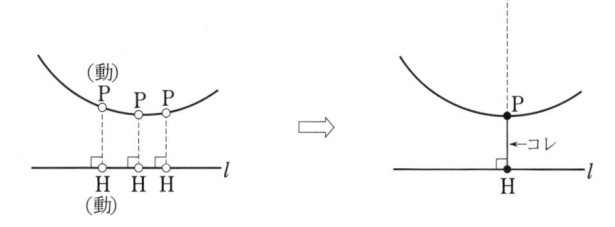

最小となる PH は？

◀「円」が関わる場合, 理由は一通りではないにしても, すべてのテーマが

　　円の
　　中心をメインに考える
　　センター　　中心

ということになる.

19-3　基本③

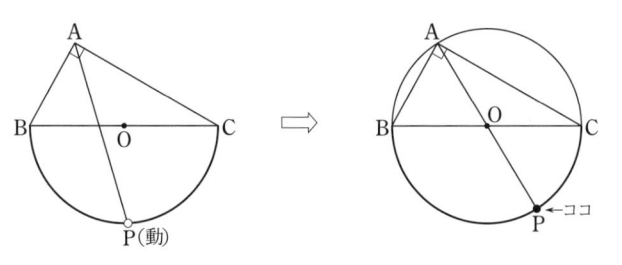

AP が最大となる P の位置？

◀ 点 A は円 O の周上にあり, AP は円 O の弦. このうち, 最大の弦は直径(AP_0), ということ.

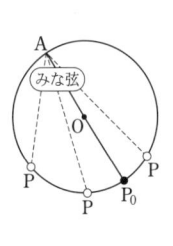

19-4 基本④

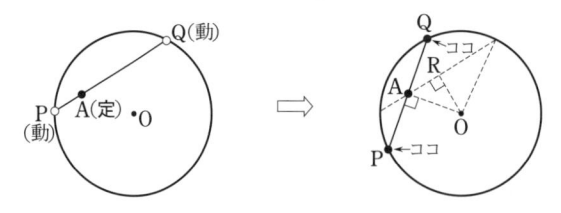

PQ が最小となる P，Q の位置？

◀理由…

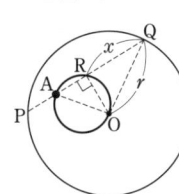

図のように R をとり，PR=QR=x とすると，
$x^2 = r^2 - OR^2$ （一定）

R が A に重なるとき，OR が最大になるので，このとき x^2，したがって PQ が最小となる．

19-5 基本⑤

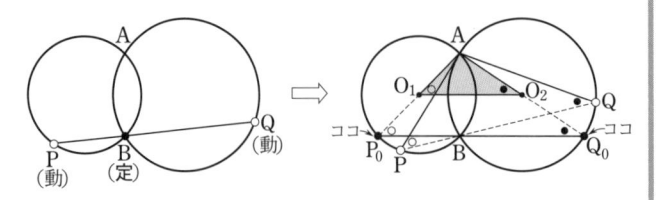

PQ を最大にする P，Q の位置？

◀理由…

△APQ の形は一定で，AP が最大のとき PQ も最大になる．AP が最大になるのは，P が P_0 と重なる（Q が Q_0 と重なる）とき．

これより，△APQ の面積の最大値は △AO_1O_2×4（倍）になる．

重要テーマ **20** 2線分の，和の最大値・積の最大値

20-1 和の最大値

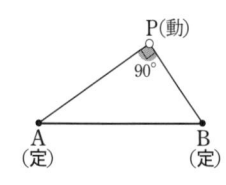

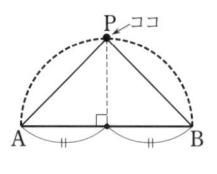

AP+BP が最大となる P の位置？

[理由 その1]——図Ⅰで——

AP+BP=AQ で，Q は P_0 を中心とする円の周上にあり，AQ が最大になるのは Q が Q_0（P が P_0）に重なったとき．

[理由 その2]——図Ⅱで——

三平方の定理より，$a^2 + b^2 = k^2$

また，△PAB=$a \times b \times \dfrac{1}{2} = k \times h \times \dfrac{1}{2}$

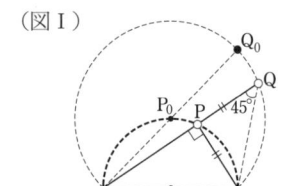

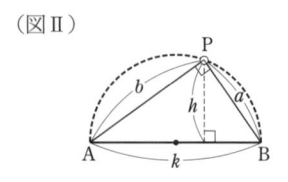

$\underbrace{(a+b)^2}_{\#} = \underbrace{a^2 + b^2}_{(一定)} + \underbrace{2ab}_{最大のとき} = \underbrace{k^2}_{(一定)} + \underbrace{2kh}_{\# が最大}$

（図Ⅰ）

（図Ⅱ）

◀この例では∠P=90°だが，∠P=120°，∠P=60°，∠P=45°，…などの場合も，同様にして，P が弦 AB の垂直二等分線上に位置するときに AP+BP が最大になることを確認できる．

20-2 積の最大値

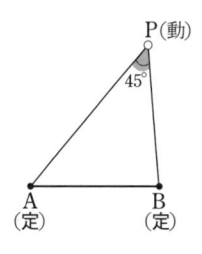

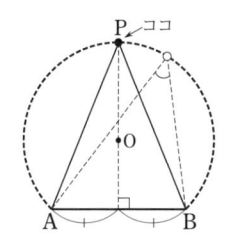

PA×PB を最大にする P の位置？

[理由] $\triangle PAB = \underbrace{k}_{(一定)} \times h \times \dfrac{1}{2} = a \times \dfrac{b}{\sqrt{2}} \times \dfrac{1}{2}$

∴ ab が最大となるのは h が最大になるとき．

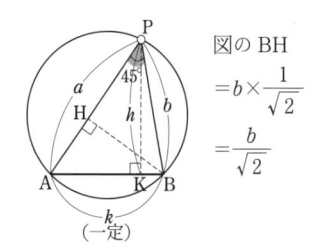

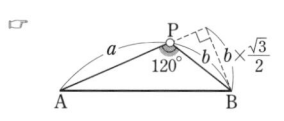

図の BH
$= b \times \dfrac{1}{\sqrt{2}}$
$= \dfrac{b}{\sqrt{2}}$

∠P＝120°等の場合も，同様．

重要テーマ 21　面積の最大値

21-1　例1

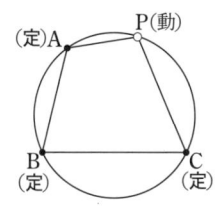

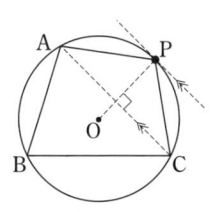

□ABCP の面積を最大にする P の位置？

◀19-2 に帰着

21-2　例2

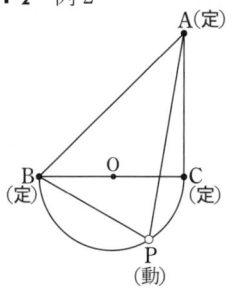

△ABP の面積を最大にする P の位置？

◀19-2 に帰着

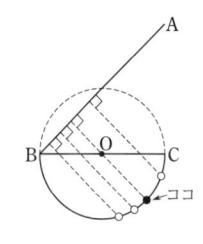

☞線分や面積の最大・最小に関する問題は，高校入試では，普通
- I．図形的処理
- II．数式的処理

のうち，I がメイン．

しかし，時に，**20-1** [理由 その2] で取り上げたタイプの設問もあるので，II も頭に入れておくべきである．

テーマ別最重要項目のまとめ[7]

投影図・展開図

> 投影図と展開図は立体把握の助っ人ってことネ

投影図から見取り図を，また展開図から見取り図を描くという作業は，コツをつかむまではそれなりに大変ですが，立体感覚を磨くのに大いに役立ちます．投影図や展開図から見取り図を描く機会を最大限利用して，立体図形作図能力の，したがって立体図形攻略能力の，向上をめざしてください．

立体をとらえる方法として，投影図，展開図などがあり，どちらも立体を平面でとらえるものですが，これから元の姿(立体)をイメージするためには，独特な立体感覚が必要です．

重要テーマ 22 投影図

22-1 投影図とは…

- 正面から見た図 … 立面図
- ま上から見た図 … 平面図
- ま横から見た図 … 側面図

からなる

※立面図を正面図ともいう

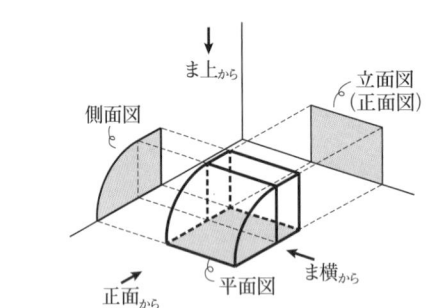

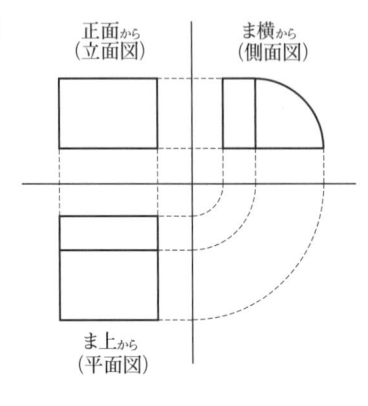

◀垂直に交わる3つの平面に，それぞれ3方向から——各平面に垂直に光をあてた(投影した)ときにできる影，ということになるが，高校受験数学では厳密に考える必要はない．

正面から
ま上から ｝見た図
ま横から

でよい．左右から見たときの形がちがう場合は，単に「ま横」とせず，「右横」，「左横」とする．

◀右図のように表してもよい．

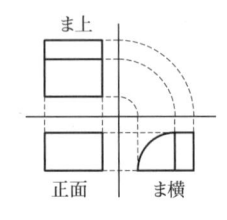

22-2 投影図が示す長さ

——投影図には，元の立体の辺が実際の長さと異なる長さで示されるということが起る．

[見取り図] [投影図]
（正面から見た図） 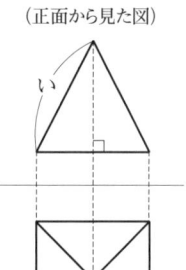 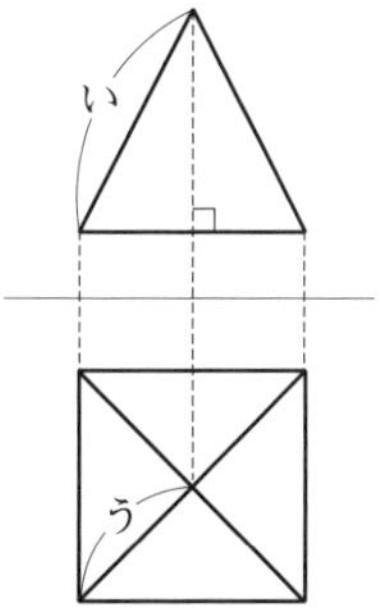
（ま上から見た図）

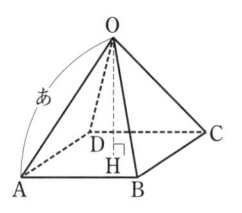

あ … 実際の長さ
→ い へ
→ う へ

◀次のようになっている．

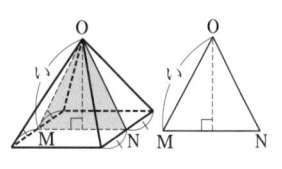

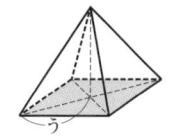

22-3 投影図から見取り図へ

（例1） [投影図]　　[見取り図]
（正面） 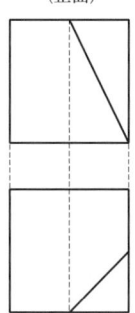
（ま上）

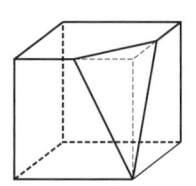

（例2） 立方体を平面で切り取った残りの立体をま上から見た図がⒶ，正面から見た図がⒷであるとき，この立体の体積は ☐ ．

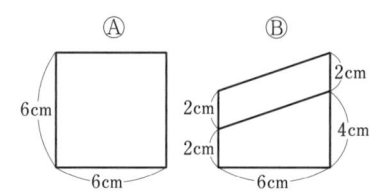

Ⓐ　　Ⓑ　　（見取り図）

◀次のような見取り図になる．

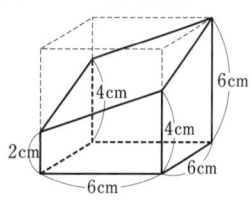

求める体積は…

$$6 \times 6 \times (2+6) \times \frac{1}{2}$$
$$= 144 \, (\text{cm}^3)$$

111

重要テーマ 23 展開図

23-1 展開図とは…

立体を辺にそって切り開いて平面上に広げて書いた図のこと．

◀ただし，面を切りはなしてはいけない．切り開いた辺どうしをくっつけると元の立体が復元できるように切るということ．

23-2 展開図から見取り図へ

（例1）次の展開図で示される立体の体積 $V=\boxed{}$．

［展開図］　　　　［見取り図］

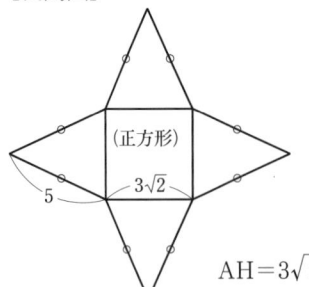

（正方形）　$3\sqrt{2}$，5

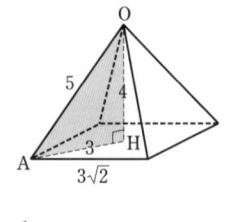

$$AH = 3\sqrt{2} \times \frac{1}{\sqrt{2}} = 3$$

$$OH = \sqrt{5^2 - 3^2} = 4$$

$$\therefore V = (3\sqrt{2})^2 \times 4 \times \frac{1}{3} = \mathbf{24 \ (cm^3)}$$

（例2）次の展開図で示される立体の体積 $V=\boxed{}$．

［展開図］

4cm

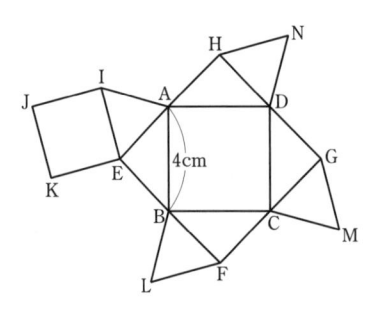

3つの四角形
ABCD
EFGH 正方形
IJKE

A, B, C, D は中点

4つの三角形
AIE
BLF 正三角形
CMG
DNH

［見取り図］

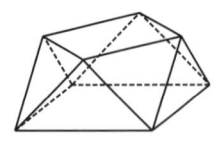

$$V = 4 \times 4 \times 2 - 2 \times 2 \times \frac{1}{2} \times 2 \times \frac{1}{3} \times 4$$

$$= \frac{80}{3} \ \mathbf{(cm^3)}$$

◀見取り図を描く手順は…．

Step 1

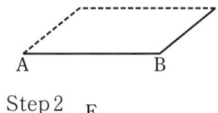

Step 2

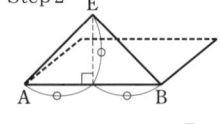

Step 3 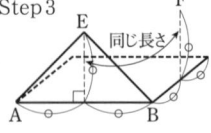　同様にG, H をとる…．

◀次のような構造の立体ということ．

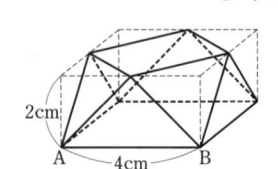

2cm, 4cm

23-3　正多面体の展開図

　［Ⅰ］　正四面体

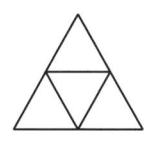

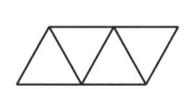

◂2つしかない．

　［Ⅱ］　正六面体（立方体）

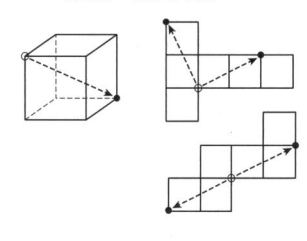

4つの面が1列に並ぶ（6個）

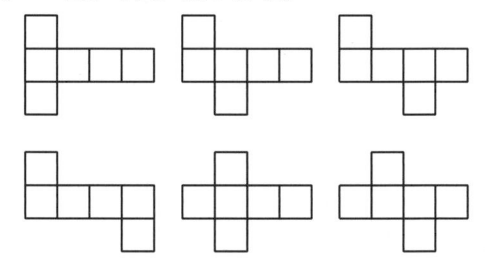

◂11個ある．
立方体の展開図に関する…
重要事項その1〈平行な面〉

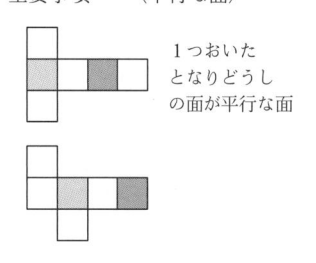

1つおいた
となりどうし
の面が平行な面

3つの面が1列に並ぶ（4個）

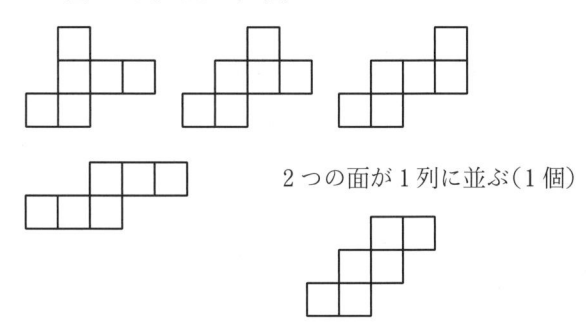

重要事項その2
〈頂点の位置関係〉

2つの面が1列に並ぶ（1個）

　［Ⅲ］　正八面体

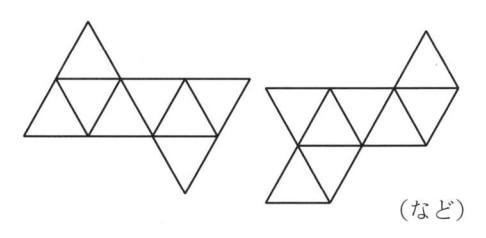

◂正八面体では，平行な平面は…

間に2つおいた
面どうしの面が

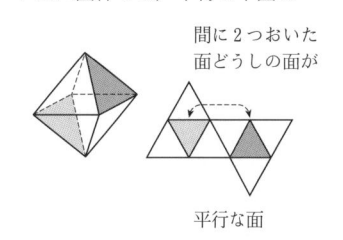

平行な面

（など）

☞正十二面体，正二十面体の展開図は p.27．

113

索引

い
- 1回反射 ……… p.98
- 1点を共有する正三角形 ……… p.11
- 1点を共有する正方形 ……… p.12
- 1点で交わる ……… p.46, p.47
- $1:1:\sqrt{2}$ の直角三角形 ……… p.31
- $1:2:\sqrt{5}$ の直角三角形 ……… p.31, p.95
- $1:2:\sqrt{3}$ の直角三角形 ……… p.31
- $1:\sqrt{2}:\sqrt{3}$ の直角三角形 … p.31, p.49, p.59, p.70, p.72, p.74, p.75
- 一番急な斜面 ……… p.49

う
- 動く図形 ……… p.78, p.81
- 埋め込み(埋め込まれた形) ……… p.60, p.65, p.66, p.72

え
- n 角形の外角の和 ……… p.7
- n 角形の内角の和 ……… p.7
- 円がつくる相似形 ……… p.38, p.39
- 円が内接する四角形 ……… p.34
- 円周角の定理 ……… p.32
- 円周角の比 ……… p.32
- 円周上の点がつくる長さ(最大・最小) ……… p.107
- 円すい台の性質 ……… p.69
- 円すい台の展開図 ……… p.69
- 円すい台の側面積 ……… p.69
- 円すい台の体積 ……… p.69
- 円すいの性質 ……… p.68
- 円すいの側面積 ……… p.68
- 円すいの側面上で(1巻き) ……… p.101
- 円すいの側面上で(2巻き) ……… p.101
- 円すいの体積 ……… p.68
- 円すいの展開図の中心角 ……… p.68
- 円柱がつくる影 ……… p.105
- 円柱に(球2個が)内接 ……… p.75
- 円柱の性質 ……… p.67
- 円柱の体積 ……… p.67
- 円柱の表面積 ……… p.67
- 円に外接する四角形 ……… p.34
- 円の折り返し ……… p.97
- 円の影 ……… p.103
- 円の接線 ……… p.33
- 円の接線の作図 ……… p.84
- 円の中心の作図 ……… p.84

お
- オイラーの多面体定理 ……… p.119
- おうぎ形の面積 ……… p.44
- 同じ平面上にある, ない ……… p.46
- 「折り目」の作図 ……… p.84
- 折り返し図形の作図 ……… p.94

か
- 外角 ……… p.7
- 外接円の半径 ……… p.35, p.41, p.72
- 外接球の半径 ……… p.72
- 回転の中心 ……… p.81
- 外部の点を通る直線で(台形の面積を二等分) ……… p.93
- 外部の点を通る直線で(平行四辺形グループの面積を二等分) ……… p.92
- 角すいの体積 ……… p.59
- 角すいの表面上で ……… p.100
- 角柱の影 ……… p.103
- 角柱の切断 ……… p.52
- 角柱の表面上で ……… p.100, p.101
- 角度 ……… p.6, p.49
- 角の二等分線 ……… p.83
- 角の二等分線がつくる角 ……… p.8
- 角の二等分線がつくる合同 ……… p.13
- 角の二等分線定理(内角版) ……… p.86
- 角の二等分線定理(外角版) ……… p.87
- 角の二等分線の長さ ……… p.87
- 影の作図 ……… p.102
- 隠れた三角定規形 ……… p.31
- 隠れた特別角 ……… p.31, p.44
- 重なり＝二等辺三角形 ……… p.95
- 重なる角と等角がつくる相似形 ……… p.19

き
- 軌跡 ……… p.78
- 軌跡＝ABの垂直二等分線 ……… p.78
- 軌跡＝ABを弦とする円 ……… p.79
- 軌跡＝ABを直径とする円 ……… p.79
- 軌跡＝Oを中心とする円 ……… p.79
- 軌跡＝角の二等分線 ……… p.78
- 球と交わる平面がつくる円 ……… p.70
- 球の体積 ……… p.69
- 球の表面積 ……… p.69
- 共通外接線 ……… p.43
- 共通内接線 ……… p.43
- 共通接線 ……… p.45
- 共通弦 ……… p.43

く
- 空間における点と面 ……… p.46

こ
- 光源がつくる影 ……… p.104
- 合成立体がつくる影 ……… p.105
- 交線 ……… p.49
- 交点が2個 ……… p.33
- 合同の基本型 ……… p.11, p.12
- $5:12:13$ の直角三角形 ……… p.31
- 骨格図 ……… p.76
- 弧の長さの比 ……… p.32

さ
- 最短コース ……… p.98
- 最短コース:平面版 ……… p.98
- 最短コース:立体版(角柱・角すい) ……… p.100
- 最短コース:立体版(円すい) ……… p.101

索引

作図 …………………………………… p.82
サッカーボール ……………………… p.27
錯角 …………………………………… p.6
座標平面上の平行四辺形 …………… p.15
三角形の折り返し …………………… p.97
三角形の形を変える ………………… p.90
三角形の合同 ………………………… p.10
三角形の合同条件 …………………… p.10
三角形の成立条件 ………… p.42, p.106
三角形の相似 ………………………… p.18
三角形の相似条件 …………………… p.18
三角形の内角の和 …………………… p.7
三角形の面積を二等分する直線 …… p.91
三角すいの体積比 …………………… p.61
三角柱の切断 ………………………… p.53
3：4：5の直角三角形 ……………… p.31
3点を結ぶ線分 ……………………… p.106
三平方の応用定理 …………………… p.30
三平方の定理 ………………………… p.28
三平方の定理の逆 …………………… p.28
三平方の定理の証明 ………………… p.29
3辺相等 ……………………………… p.10
3辺比相等 …………………………… p.18

し 四角形の面積を二等分する直線
　　　　　　　　　　 ……… p.92, p.93
　四角形を三角形に変える ………… p.90
　シャープペン方式 ……… p.9（p.7参照）
　斜辺（直角三角形の斜辺） … p.28, p.48
　上底・下底に平行な直線で
　　　　（台形の面積を二等分）…… p.93

す 垂線 ………………………… p.48, p.82
　垂線の比 …………………………… p.21
　垂線の長さ ………………………… p.48
　垂直 ………………………………… p.47
　垂直二等分線 ……………………… p.82
　図形の最大・最少 ………………… p.106

せ 正五角形の対角線 ………………… p.21
　正三角形の折り返し ……………… p.97
　正四角すい …… p.61, p.62, p.71, p.72
　正四角すいの描き方 ……………… p.61
　正四角すいの切断 ………………… p.62
　正四角すいの辺に接する球 ……… p.73
　正四面体…… p.59, p.60, p.64, p.65, p.66,
　　　　　　　　p.71, p.72, p.76, p.113
　正四面体と正八面体の体積比 …… p.66
　正四面体に接する「3つの球」…… p.74
　正四面体の外接球の中心 ……… p.72, p.74
　正四面体の外接球の半径 ……… p.72, p.74
　正四面体の描き方 ………………… p.60
　正四面体の各辺に接する球 ……… p.74

正四面体の各面の中心 …………… p.66
正四面体の構造 …………………… p.59
正四面体のすべての頂点に接する球
　　　　　　　　　　 ……… p.72, p.74
正四面体のすべての辺に接する球 … p.74
正四面体のすべての面に接する球
　　　　　　　　　　 ……… p.71, p.74
正四面体の体積 …………… p.60, p.65
正四面体の高さ …………………… p.60
正四面体の内接球の中心 … p.72, p.74
正四面体の内接球の半径 … p.71, p.74
正十二面体 ………………… p.27, p.64
正多面体の性質 …………………… p.64
正多面体の相互関係 ……………… p.64
正多面体の展開図 ………… p.27, p.113
正二十面体 ………………………… p.27
正八面体 ……… p.64, p.65, p.66, p.113
正八面体の描き方 ………………… p.65
正八面体の各面の中心 …………… p.66
正方形 ……………………………… p.14
正方形内で直交する直線がつくる合同
　　　　　　　　　　　　 ……… p.13
正方形の折り返し ………………… p.96
正方形の影――壁へ―― ………… p.102
正方形の影――地面へ―― ……… p.102
正方形の影――地面＋壁へ―― … p.103
正六角形内の反射 ………………… p.99
正六面体 ………………… p.64, p.113
積の最大値 ………………………… p.109
接弦定理 …………………… p.87, p.88
接する ……………………………… p.42
接線 ………………………………… p.33
接線の性質 ………………………… p.33
接線の長さ ………… p.33, p.34, p.43
切断面が四角形にならないとき …… p.50
切断面が四角形になるとき ……… p.50
切断面＝五角形 …………………… p.50
切断面＝三角形 …………………… p.50
切断面＝四角形 …………………… p.50
切断面＝ひし形 …………………… p.51
切断面＝平行四辺形 ……… p.50, p.51
切断面＝六角形 …………………… p.50
接点間の距離 ……………………… p.43
切頭二十面体 ……………………… p.27
線分が通った跡 …………………… p.81
線分の比（線分比）………………… p.25

そ 相似 ……………………………… p.18
　相似がテーマの基本図形 ……… p.20
　相似形の体積比 ………………… p.26
　相似形の面積比 ………………… p.23
　相似比 ………………… p.18, p.22

索引

	相似比と体積比	p.22
	相似比と面積比	p.22
	相似の基本型	p.19
	側面積	p.68, p.69
	側面図	p.110
た	対応する辺の比	p.18
	対角線が互いに中点で交わる	p.14
	体積が二等分される	p.57
	体積比	p.26, p.61
	対頂角	p.6
	太陽光線がつくる影	p.102, p.103
	互いに接する球	p.75, p.76
	高さの比	p.22, p.23, p.61
	たこ形	p.14
ち	中心角	p.32, p.68
	中心間の距離	p.42
	中点で面積を二等分	p.91, p.92
	中点連結定理	p.86
	中線定理（パップスの定理）	p.89
	頂角36°の二等辺三角形	p.21
	頂点を通る直線で（三角形の面積を二等分する）	p.91
	頂点を通る直線で（普通の四角形を二等分する）	p.92
	長方形	p.14
	長方形の折り返し	p.95
	直角がつくる相似形	p.19, p.20
	直角三角形の合同条件	p.10
	直角二等辺三角形がつくる合同	p.13
	直角三角形	p.28, p.34, p.37
	直線と平面の位置関係	p.47
	直線までの距離	p.106
	チェバの定理	p.89
	直方体	p.49
	直方体・立方体の対角線	p.49
	直方体の切断	p.50, p.51, p.52
	直方体の影	p.104
て	定線分を見込む角一定	p.79
	定点からの距離一定	p.78, p.79
	定半直線から角一定	p.78
	底辺の比	p.23
	点・線・面の位置関係	p.46
	点対称な図形	p.57
	点対称な立体	p.57
	点と直線の距離	p.48
	点と点の距離	p.48
	点と平面の距離	p.48
	展開図	p.68, p.69, p.110, p.112
	展開図から見取り図へ	p.112
	展開図の中心角	p.68
と	同位角	p.6
	投影図	p.110
	投影図が示す長さ	p.111
	投影図から見取り図へ	p.111
	等角・倍角を作図する	p.85
	「等距離にある点」の作図	p.84
	等積変形	p.90
	等辺正四角すい	p.60
	特別な直角三角形	p.28
	特別な直角三角形（三角定規形タイプ）	p.31
	特別な直角三角形（整数比タイプ）	p.31
	特別な切断面：正方形・長方形・ひし形	p.54
	特別な切断面：正三角形・正六角形	p.54
	トレミーの定理	p.89
な	内接四角形の性質	p.33
	内接円の半径	p.34, p.35, p.37, p.41, p.71
	内接球の半径	p.71
	＜長さ＞の最大値・最小値	p.106
に	2円の位置関係	p.42
	2円の関係	p.43, p.44
	2回反射	p.99
	2角相等	p.18
	2線分の和の最大値	p.108
	2線分の積の最大値	p.108, p.109
	2直線から等距離	p.78
	2直線の位置関係	p.46
	2直線は同じ平面上にある	p.46
	2直線は同じ平面上にない	p.46
	2定点から等距離	p.78
	2定点を見込む角一定	p.79
	2点で交わる	p.33
	二等辺三角形	p.34
	2平面の位置関係	p.47
	2平面のなす角	p.49
	2辺1角がそれぞれ等しい	p.11
	2辺夾角相等	p.10
	2辺比夾角相等	p.18
	2本の接線	p.40
ね	ねじれの位置にある	p.46
は	パップスの定理（中線定理）	p.89
	半径の比	p.22
ひ	ひし形	p.14, p.50
	非相似形の面積比	p.23
	ピタゴラスの定理	p.28
	1組の対辺が平行で等しい	p.14
ふ	2組の対角がそれぞれ等しい	p.14
	2組の対辺がそれぞれ等しい	p.14
	2つの軌跡	p.78, p.79

索引

	2つの内角＝2つの内角 ……………… p.7	
	2つの内角の和 ……………………… p.7	
へ	平行四辺形 ………… p.14, p.50, p.92	
	平行四辺形と面積 …………………… p.17	
	平行四辺形の決定条件 ……………… p.14	
	平行四辺形の面積の二等分 ………… p.15	
	平行線で等積変形 …… p.91, p.92, p.93	
	平行線と面積 ………………………… p.16	
	平行である …………………………… p.47	
	平行な線がつくる相似形 …… p.19, p.20	
	平行な直線 …………………………… p.83	
	平行な2平面間の距離 ……………… p.48	
	平面図 ……………………………… p.110	
	平面と平面の距離 …………………… p.48	
	辺上の点を通る直線で〈三角形の面積を二等分する〉 ……………………………… p.91	
	辺に平行な直線で〈三角形の面積を二等分する〉 ……………………………… p.91	
ほ	傍接円 …………………… p.40, p.41	
	棒の影 ……………………………… p.104	
	方べきの定理 ……………… p.38, p.88	
ま	交わらない …………………………… p.47	
	交わる …………………… p.42, p.47	
	丸い立体 ……………………………… p.67	

み	3つの内角の和 ……………………… p.7	
め	メネラウスの定理 …………………… p.89	
	〈面積が等しい〉から〈傾きが等しい〉へ ……………………………………… p.16	
	面積が等しくなる座標 ……………… p.16	
	面積が二等分される ………………… p.57	
	面積の最大値 ………………………… p.109	
	面積の二等分 ………………………… p.15	
	面積比(面積の比) ……… p.22, p.23, p.25	
	面積比から線分比へ ………………… p.25	
	面積を二等分する直線 ……………… p.90	
り	立方体 … p.49, p.54, p.55, p.56, p.57, p.65	
	立方体に埋め込まれた形 …………… p.60	
	立方体に内接 ………………………… p.75	
	立方体の各辺に接する球 …………… p.73	
	立方体の切断 ……… p.54, p.55, p.56	
	立方体の対角線 ……………………… p.49	
	立方体の内接球を切る ……………… p.70	
	立方八面体 ………………………… p.119	
	立面図 ……………………………… p.110	
る	$\sqrt{n}$ を作図する …………………… p.85	
わ	和の最大値 ………………………… p.108

三角形の重心

　三角形の板に小さい穴をあけ，ヒモを通して裏側で結び目をつくってこのヒモで三角形の板を吊り下げるとき，穴の位置をどこにすれば三角形の板が地面と水平になりバランスが保たれるか….

　板が傾かない穴の位置は，その位置が板全体の重さを均等に支えている点であり，このような点を **重心** という．

△ABCの重心をGとすると，
重心Gは…

> ➤ 3中線の交点
> ➤ 中線を2:1に分ける点

である．

　▱重心・内心・外心・傍心・垂心
　を，〈三角形の5心〉という．
　重心は英語で center of gravity.

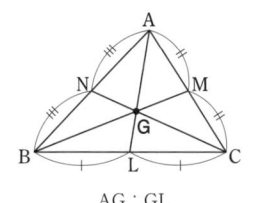

AG：GL
＝BG：GM
＝CG：CN
＝ 2 ： 1

▱5心に関する厳密な証明，たとえば，3本の中線が1点で交わる(重心)
ことや，頂点から対辺におろした3本の垂線が1点で交わる(垂心)こ
とに関する証明は，高校数学で．

索引

発想・着眼等のキーワード

- う 「動かない点」をキャッチする …… p.81
- え 延長で …… p.55
  - 「延長」という発想の作図 …… p.62
  - 円の中心をメインに考える …… p.107
- お 折り目＝垂直二等分線 …… p.94
  - O（点対称の中心）を通る平面で切断する …… p.57
- か 回転して重ねる …… p.24
  - 回転してとなりへ …… p.24
  - 鏡の部屋を直進する …… p.99
  - 角の二等分線で …… p.34, p.35
  - 隠れた特別角を発見せよ …… p.31
- き 球の中心を含む切断面で考える …… p.75
  - 球の中心を結ぶ骨格図で考える …… p.76
- こ ＜このように＞見る（相似） …… p.21
- さ 三角形の3辺から …… p.35, p.41
  - 三角形の高さ・面積を求める …… p.30
  - 三角定規形で …… p.34, p.35
  - 3：4：5の直角三角形の内接円の半径 …… p.37
  - 3点が一直線上にある …… p.6
  - 三平方で …… p.35
- じ 地面を表すライン …… p.104
- ず 図形的性質を確認する …… p.83
- せ 接点で分ける …… p.34
  - 接線の長さで …… p.34
  - 切断面が1つに決まる …… p.46
  - 切断面の作図：2つの方法 …… p.55
  - 接点と中心を結ぶ …… p.43
- そ 相似で …… p.34, p.35, p.41
- た 対称な点からスタート …… p.99
  - 対称な点がゴール …… p.99
  - 高さへ …… p.35
  - 高さをxとしない …… p.30
- ち 中心角が必要 …… p.44
- 中心・中心・接点は一直線上にある …… p.45
- て 手書きでその図Xを描く …… p.83
- と 動点Pの通過地点3点で …… p.79
- な 何が一定か …… p.80
- に 2直線に垂直ならば, l⊥平面P …… p.47
- の 残りの1辺を求める …… p.29
  - 「残り」を直進 …… p.100
- へ 平行で …… p.55
- め ＜面積が等しい＞から＜傾き＞が等しいへ …… p.16
  - 面積が等しいとはタダゴトではない …… p.16
  - 面積で …… p.34, p.35, p.41

記号

- ◇ ＝ 等号（長さ，角度，面積，体積 etc. が等しい）
  （例） △ABC＝△DEF …面積が等しい
- ◇ | | 絶対値記号
- ◇ ≠ 等しくない
- ◇ ＜, ≦, ＞, ≧ 不等号
- ◇ ∠ 角
- ◇ ∥ 平行
- ◇ ⊥ 垂直
- ◇ ≡ 合同
- ◇ ∽ 相似
- ◇ ∴ ゆえに
- ◇ ∵ なぜならば
- ◇ π 円周率

索引

公式・準公式

- ◇ 2つの内角の和　$x=a+b$ ……… p.7
- ◇ 3つの内角の和　$x=a+b+c$ ……… p.7
- ◇ 2つの内角　$a+b=c+d$ ……… p.7
- ◇ 正n角形の内角の和　$180°×(n-2)$ ……… p.7
- ◇ 角の二等分線がつくる角①
  $$x=90°+\frac{1}{2}\angle A$$ ……… p.8
- 角の二等分線がつくる角②　$x=\frac{1}{2}\angle A$ ……… p.8
- ◇ 角の二等分線がつくる角③
  $$x=90°-\frac{1}{2}\angle A$$ ……… p.8
- ◇ 相似　線分の比(平行な線がつくる相似形)
  $a:b=c:d$ ……… p.20
- ◇ 相似　線分の比(直角がつくる相似形)
  $a:b=c:d$ ……… p.20
- ◇ 角の二等分線の長さ　$x^2=ab-cd$
  $(x=\sqrt{ab-cd})$ ……… p.87
- ◇ 角の二等分線定理(内角版, 外角版)
  $BD:DC=AB:AC$ ……… p.86, p.87
- ◇ 方べきの定理　$a×b=c×d$ ……… p.88
-   方べきの定理　$c^2=a×b$ ……… p.88
- ◇ メネラウスの定理　$\frac{a}{b}×\frac{c}{d}×\frac{e}{f}=1$ ……… p.89
- ◇ チェバの定理　$\frac{a}{b}×\frac{c}{d}×\frac{e}{f}=1$ ……… p.89
- ◇ 中点連結定理 ……… p.86
- ◇ 中線定理　$a^2+b^2=2(m^2+n^2)$ ……… p.89
- ◇ トレミーの定理　$xy=ac+bd$ ……… p.89
- ◇ 立体 PQRS-ABCD の体積
  $$S×\frac{a+c}{2}$$ ……… p.52
- ◇ 立体 PQR-ABC の体積(断頭三角柱の公式)
  $$S×\frac{a+b+c}{3}$$ ……… p.53
- ◇ 三平方の定理　$a^2+b^2=c^2$ ……… p.28
- ◇ 三平方の応用定理　$a^2-b^2=c^2-d^2$ ……… p.30
- ◇ 正四面体の内接球の半径　$r=h×\frac{1}{4}$ ……… p.71
- ◇ 正四面体の外接球の半径　$R=h×\frac{3}{4}$ ……… p.72

◎オイラーの多面体定理

頂点・辺・面の数

○ 正多面体

	(面の形)	頂点(の数)	辺(の数)	面(の数)	
正四面体	正三角形	4 −	6 +	4 =	2
立方体	正方形	8 −	12 +	6 =	2
正八面体	正三角形	6 −	12 +	8 =	2
正十二面体	正五角形	20 −	30 +	12 =	2
正二十面体	正三角形	12 −	30 +	20 =	2

○ その他──切断立体でも──

(例1) 断頭三角柱	6 −	9 +	5 =	2
(例2) 立方八面体	12 −	24 +	14 =	2

オイラーの多面体定理
$$\langle 頂点_{の数}\rangle - \langle 辺_{の数}\rangle + \langle 面_{の数}\rangle = 2$$
が成り立っている.

◄ 立方八面体(図1).
立方体の各辺の中点を頂点とする立体.

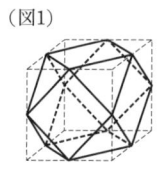

(図1)

この定理は図2のように, へこみがある上に穴があいていると, 成り立たない.

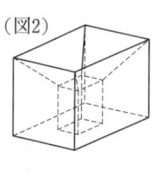

(図2)

私は, 頂+面−辺=2 〈ちょめへにの定理〉と覚えるノダと, 先輩のF先生から教わった.

あとがき

　数学の問題を解けるか否かの差は何かと生徒に問うと，いろいろな答えが返ってくる．圧倒的に多いのが「才能」，「センス」という類の答えだ．生徒たちの日常を考えると，そう感じるのはやむを得ないと思う．なぜかと言うと，生徒諸君は，解けたらすごいと思う問題を実際に解くヤツがいる，ということを日々経験しているからだ．
　しかし，ちょっと考えてみれば分かることだが，そもそも数学のあらゆるテーマが，＜知るまではできず，知ってからはできる＞ということの繰り返しのはずである．
　学習した後では当たり前のこと，たとえば，2次方程式の解法を，賢い受験生が自分で思いついたわけではない．「公式」と呼ばれるものだけでなく，三角形の合同の証明法や直線の交点の座標の求め方，また内接円の半径の求め方など，ありとあらゆる解法のツールを生徒諸君は授業を通して，参考書を通して，つまり学習によって獲得するのである．
　数学は，こういう科目なのである．
　そこで，次のようなことが日々起こることになる．それは，ある同じ一題の応用問題が，経験したことがある生徒には＜5分もあれば楽勝の常識問題＞であるのに対し，経験したことがない生徒にとっては＜30分でも足りない発展問題＞である，という事態である．前者にとっては単なる知識問題が，後者にとっては難解な思考力問題…．
　数学というのは，どの分野，どのテーマをとってみても，こうしたことが起こるのである．
　経験済みの問題をサッと解いたとき，未経験の仲間は「オヌシ，なぜできる」と驚く．これに対し，ある生徒は仲間との友好関係を保つために，「やったことがある」と正直に答える．またある者は，日々戦いの中に身を置いているという自覚のもとに，「できてしまった」と平然と答える．
　そう，よきライバル同士は，互いに相手に一目を置きながら常に競っている．
　きみときみのライバルとの間で，もし経験の差があるとすると，その差を才能やセンスで埋めることは不可能である．前日1時間の試行錯誤の末にようやく自分のものにした問題を，ライバルが解いているのを目撃するきみは，ごく自然に「あっ，それか」と声をかける．立ち往生している問題について「それか」などと軽く声をかけられたライバルは，大きなプレッシャーを感じ，解決への道からさらに遠ざかっていく…．数学とは，こんな種目である．
　経験の差は，それほど大きい．
　経験には3つの要素がある．
　・早く経験する
　・多く経験する
　・深く経験する
　ライバルがほんの少し先を行くだけであれば，またライバルがほんの少し多く学んでいるだけであれば，それほど脅威ではない．
　しかし，より早く経験し，より多く経験し，さらにより深く経験しているライバルは，強敵である．
　きみのまわりにいる数学ができるライバルは，多くの仲間たちに比べて，より早く経験し，多く経験し，深く経験しているにちがいない．きみが一目置くライバルと競うためには，経験の差を縮めるしかない．経験は，才能の差を埋めるだけでなく，才能の差を超えた高みへと，きみ自身を導いていく．
　　　　＊　　　　＊　　　　＊
　本書は，月刊誌『高校への数学』に連載した記事をまとめたものです．まとめるにあたって，編集部の十河（そごう）さんには大変お世話になりました．世の中の普通の出版社では，書籍の全体の構成や各ページのレイアウト，また文字の校正などの面から執筆者を支える人たちのことを編集者というのですが，東京出版の場合は同時に自ら執筆する人たちです．十河さんも執筆・編集を長年手がけてきたベテランの1人で，連載記事の担当をしていただいた流れで，本書の成立に至るまで，執筆・編集の両面から貴重なアドバイスをたくさんいただきました．ありがとうございました．
　　　　　　　　　　　（望月　俊昭）